AF338892

FLORA
GALLIÆ ET GERMANIÆ EXSICCATA.

HERBIER
DES PLANTES RARES ET CRITIQUES

DE

LA FRANCE ET DE L'ALLEMAGNE,

RECUEILLIES

PAR LA SOCIÉTÉ DE LA FLORE DE FRANCE ET D'ALLEMAGNE,

PUBLIÉ PAR

LE DOCTEUR F. G. SCHULTZ,

MEMBRE DE LA SOCIÉTÉ BOTANIQUE DE RATISBONNE, DE LA SOCIÉTÉ D'HISTOIRE NATURELLE DU DÉPARTEMENT DE LA MOSELLE, ETC.

Année 1836, ou 1re Centurie.

Membres collaborateurs pour la première Centurie : MM. le professeur C. BILLOT ; le docteur C. GRENIER, médecin ; R. LENORMAND, avocat ; le docteur C. H. SCHULTZ, médecin.

BITCHE ET DEUX-PONTS, CHEZ L'AUTEUR.
1836.

Prix, 20 fr., chez les libraires. — 15 fr. chez l'Auteur en payant d'avance.
Lettres, envois d'argent et demandes, à affranchir.

STRASBOURG, IMPRIMERIE DE G. SILBERMANN
PLACE SAINT-THOMAS, N. 3.

Exemplaria minora.

Viola pratensis, Mutel, l. c. t. suppl. 1, fig. 4, 1836, non Mert. et Koch.

Exemplaria majora.

In pratis paludosis planitierum Alsatiæ, prope Argentoratum ! (Schultz), Maio , Junio.

Flores e lilacino pallide cærulei. Calcar læte virens. Folia, uti tota planta, succulenta, nervis semipellucida.

Differt a *Viola stagnina*, Kit. stipulis caulinis intermediis multo majoribus ; a *V. elatiori*, Fries, caulibus glaberrimis; a *V. pratensi*, M. et K. foliis superioribus basi cordatis; a *V. Ruppii*, Allion et *V. lancifolia*, thoro calcare breviore ; a *V. pumila*, Chaix et Villars, et a *V. canina*, L. diversissima uti a *V. Sylvestri*, Lam. , *V. Riciniana*, Reichenb. , *V. arenaria* , D. C. etc.

11° *Polygala depressa*, Wenderoth. J'ai trouvé cette plante, il y a seize ans, entre Deux-Ponts et Sarrebrück, et je l'ai placée dans mon herbier sous le nom de *Polygala vulgaris*, var. *prostrata*, ainsi que dans la *Flore de la Moselle*, Suppl. pag. 69. Quelques années après, je l'ai montrée à M. Charles Schimper, qui m'a appris que c'était une nouvelle espèce.

Je la considère aussi maintenant comme bonne espèce, ainsi que les *Polygala vulgaris* et *comosa* ; mais quant au *Polygala oxyptera*, Reichenbach, je ne puis le regarder même comme variété ; c'est une forme du *P. vulgaris*, et, si l'on voulait faire des espèces de toutes ces formes, on en trouverait une vingtaine au moins. Les diagnoses des *Polygala vulgaris*, *comosa* et *depressa* sont très-bien traitées dans la *Synopsis* de Koch : on pourrait cependant, quant aux ailes, les modifier ainsi :

1° *P. comosa*, alis elliptico-obovatis, trinerviis, nervis lateralibus externe subramuloso-venosis, apice vena obliqua anastomosantibus.

2° *P. vulgaris*, alis elliptico-ovatis, trinerviis, nervo medio fortiore, lateralibus obsoletioribus, externe ramosissimis, apice vena obliqua anastomosantibus.

3° *P. depressa*, alis obovato-lanceolatis, trinerviis, nervis lateralibus externe ramuloso-venosis, apice vena obliqua anastomosantibus.

J'ai trouvé presque partout le *Polygala vulgaris* avec ses variations, surtout aux environs de Bitche.

Le *P. comosa* est très-constant dans ses caractères, notamment dans la longueur des bractées, il ne varie pas du tout si ce n'est dans les nuances de la couleur des fleurs et je ne l'ai pas encore trouvé sur le grès vosgien, mais en abondance dans les prairies argileuses et surtout sur le Muschelkalk.

J'ai trouvé en abondance le *P. depressa* dans les prairies et bruyères tourbeuses, couvertes de mousse, un peu humides ou remplies de sphagnum, sur le grès rouge ou le grès vosgien, dans la plaine entre Deux-Ponts et Sarrebrück, près de Limbach, de Neukæusel, de Spiesen et de la Geiskirch (dès 1820), près de Bitche et dans la Breitenau entre Deux-Ponts et Kaiserslautern (dès 1825). Je l'ai rencontré également dans les bruyères mousseuses des forêts entre Grünewald et Deining et près de Holzkirchen, aux environs de Munich (1828), dans les pâturages des forêts sur les montagnes des Vosges, par ex. au Champ-du-Feu (Hochfeld) et sur le mont Heltersberg (sur le grès vosgien), dans le Palatinat (1825). Mon ami Billot l'a aussi recueilli dans la plaine rhénane aux environs de Haguenau.

Nous avons encore, aux environs de Deux-Ponts et de Bitche, deux autres espèces de *Polygala* : le *P. amblyptera*, Reichenbach, et le *P. austriaca*, Crantz, avec la forme *P. uliginosa*, Reichenb. Je suis d'accord avec Koch quand il regarde le *P. uliginosa* comme une forme du *P. austriaca*, et je l'y ai aussi réuni dans la *Flore de la Moselle* (Supp. 72) ; car j'ai observé, comme Koch, sur une seule racine les deux formes de la capsule par lesquelles Reichenbach les distingue. Mais je ne suis plus de son avis quand il réunit aussi le *P. amblyptera* comme variété du *P. austriaca*. Je n'ai jamais observé d'intermédiaires entre ces deux plantes, quoique je les aie trouvées dès 1820 très-souvent ensemble. Cependant j'ai trouvé des échantillons de *P. austriaca* tellement ressemblants au *P. comosa*, que j'avais beaucoup de peine à les distinguer, si ce n'est par les ailes plus étroites et les nervures qui ne s'anastomosent pas.

On peut les déterminer comme il suit :

1° *P. amblyptera*, fl. cristatis, racemis terminalibus multifloris, alis obovato-subrotundis, obsolete trinerviis, nervo medio apicem versus, lateralibus a basi externe ramuloso-venosis, apice non anastomosantibus, ovario sub anthesi subsessili, caulibus prostratis, foliis spatulatis in petiolum angustatis, subreflexis, floriferis erectis, foliis obovato-linearibus, sessilibus, erectis.

Synonym. *P. vulgaris* e *buxifolia*, Schultz in *Fl. Mos.* sp., p. 70.

Je l'ai recueilli en abondance dans les prairies et sur les collines du Muschelkalk aux environs de Deux-Ponts, avec le *P. austriaca*. Il est commun aussi sur les côteaux de Metz sans le *P. austriaca*.

2° *P. austriaca*, fl. cristatis, racemis terminalibus multifloris, alis obovato-lanceolatis, distincte trinerviis, nervis lateralibus externe subramuloso-venosis, apice non anastomosantibus, ovario sub anthesi subsessili, foliis inferioribus obovato-spatulatis in petiolum attenuatis, sæpe in rotulam congestis, superioribus obovato-lanceolatis.

Synonym. *P. amara*, var. α et β, Schultz in *Fl. Mos.* sp 71.

Je l'ai vu en abondance aux environs de Deux-Ponts avec le *P. amblyptera*, et aux environs de Rohrbach près Bitche sans *P. amblyptera*.

12. Je dois le *Stellaria viscida* à l'obligeance de mon excellent ami Léo, qui a eu la bonté de me donner toutes les plantes rares qu'il a découvertes à Metz, et je profite avec empressement de cette occasion pour lui témoigner publiquement mes sentiments de reconnaissance.

14, 14 *bis*, 15, 16, 16 *bis*, 17. Donnant ici un *Cerastium* sous un nouveau nom, il faut que j'en indique les motifs. J'ai fait cette espèce en 1833, en m'occupant spécialement des *Cerastium* sur lesquels j'ai écrit un petit traité, dans une lettre à M. Gay, et dont je donne ici un extrait, rectifié d'après les excellentes descriptions de Koch, dans sa *Synopsis*.

1. *Cerastium sylvaticum*, Waldst. et Kit., *Pl. rar. Hung.*, 1 p. 100, t. 97.

Caulibus adscendentibus, lateralibus basi radicantibus, foliis infimis ovatis acutis in petiolum abrupte contractis, intermediis oblongis, superioribus lanceolatis, attenuato-acuminatis panicula multiflora denique sparsa, bracteis inferioribus herbaceis, superioribus anguste-scarioso-marginatis, pedicellis fructiferis elongatis, petalis calice duplo longioribus, Koch, *Synopsis*, 123.

In sylvis humidis Hungariæ et Transylvaniæ, rarius Austriæ. Jun. Jul.

Ne pouvant examiner cette espèce que sur des échantillons desséchés de la Hongrie, et n'ayant pas encore eu occasion de la voir vivante, je donne la description de Koch, afin qu'on puisse la comparer avec celle du *C. litigiosum* que M. Chaubard et, d'après lui, M. Mutel ont pris mal à propos pour le *C. sylvaticum*.

2. *Cerastium vulgatum*, L., sp. 627.

Pubescens, caulibus adscendentibus, lateralibus basi radicantibus, foliis oblongis ovatisve, infimis in petiolum angustatis, paniculæ ramulis superioribus aggregatis, bracteis caliclibusque margine scariosis, apice glabris, pedicellis fructiferis calice duplo triplove longioribus, strictis patentibus paululum deflexis, sepalis ovato-lanceolatis obtusis, petalis subbifidis, calicem subæquantibus.

Wahlenb. *Suec.* 289. — Fries, nov. ed., 2, 125. — Curt. — Willd. — Pers. Chaubard, *Arch. de Bot.* 45.

C. viscosum. Smith, L., *Herbar.* — D. C. *Prodrom.*, p. 416, 14. — Lois. — Roth. en Bœnningh.

Myosotis hirsuta parvo flore, Vaill., p. 140, t. XXX, f. 1.

C. triviale, Link. — Mert. et Koch. — K. *syn.*, 122. — Reichenb. , heurs.

C. murale, Desp., Holandre, *Fl. Mos.*

β *Glandulosum*, K.; *C. viscosum* β ; *glandulosum*, Bœnnigh.

γ *Holosteoides*, K.; *C. vulgatum* β ; *holosteoides*, Fri — D. C *Pr.*; p. 416. 15.

δ *Alpinum*, K.

In pratis, pascuis, arvis, rarius in sylvis Europæ. Maio et sæpe in autumno.

3. *Cerastium viscosum* L., sp. 627.

Dense pubescens et piloso-viscosum. Caule erect^o d adscendente, foliis subrotundis ovalibusque, inferioribus in petiolum angustatis, paniculæ demum corymbosæ ramis glomeratis, bracteis sepalisque herbaceis apice barbatis, pedicellis erectis, fructiferis calice brevioribus, subcernuis, sepalis ovato-lanceolatis acutis, petalis emarginato bifissis, calicem æquantibus, capsulis elongatis adscendentibus.

Wahlenb., *Suec.* 287 (ex parte). — Fries, nov. ed. 2, 128. — Huds. — Curt. — Chaubard, *Arch. de Bot.* 45.

C. vulgatum, Smith, Linn. *Herbar.* — D. C. *Prodrom.*, p. 415, 13. — Roth, en. — Reichenb., *Excurs.*

Myosotis hirsuta altera viscosa, Vaill. Par., t. XXX, f. 3.

C. glomeratum, Thuil. Mert. et K., K. *Syn.* 121.

C. ovale, Pers.

C. rotundifolium, Waldst. — Sternb., *Upp.* — Reichb., *Plant. crit.*

ε *Eglandulosum*, Mert. et Koch. C. *vulgatum*, Reichenb. *Plant. crit. apetalum. C. apetalum*, Dumort.

In pascuis et agris humidiusculis, rarius in sylvis Europæ. Maio, sæpe in autumno. — Ann.

4. *Cerastium brachypetalum*, Desportes in Pers., *Syn.* I, 520.

Pilis longis subadpressis incanum. Caule gracili, erecto, rarius adscendente, foliis ellipticis, inferioribus in petiolum angustatis, paniculæ laxæ ramulis superioribus aggregatis, bracteis calicibusque herbaceis, apice barbatis, pedicellis strictis, fructiferis apice (ad calicis basin) deflexis, calice duplo triplove longioribus, sepalis ovato-lanceolatis, acutis petalis emarginato-bifissis, calice brevioribus.

Mert. et Koch. — K. *Syn.* 121. — D. C. *Pr.* p. 416, 20. — Lois. — Reichenb., *Plant. crit.* f. 388.

C. semidecandrum, Chaubard, *Archives de botanique*, 48.

C. viscosum, Pollich.

C. viscosum, γ Wahlenb. *Suec.*

C. vulgatum, β Roth, *En.*

C. barbulatum, Wahlenb.

C. strigosum, Fries. — Reichenb. *Plant. crit.* 3, f. 381, 382.

C. canescens, Horn.

β *Glandulosum*, Koch. — C. *tauricum*, Sprengel. — D. C. *Pr.*, p. 415, 12.

In rupibus, ruderatis, locis apricis lapidosis, collibus herbidis, pomariis et pratis siccis (nunquam in agris cultis), prope Cœnomanum (Desportes) et per totam Galliam hinc inde; prope Bitche! (rochers du grès vosgien, Schultz) et Saargemünde! (Sarreguemines, prairies sèches et vergers sur le muschelkalk, Schultz) copiose, et prope Metz! (chemins couverts des fortifications, Léo), Lotharingiæ, Alsatiæ, Palatinatus! (Pollich); ducat Badensis! (Schimper) et per totam fere Germaniam hinc inde, inque Græcia, Suecia, Tauria, etc. Maio. — Ann.

5. *Cerastium semidecandrum*, L., *Spec. pl.* 627. «*Calix margine apiceque membranaceus.*»

Piloso-subviscosum. Caule erecto vel adscendente, foliis oblongis lato-ovalibusque, inferioribus in petiolum angustatis, paniculæ ramulis superioribus aggregatis, bracteis calicibusque semi-scariosis (apice late membranaceis) apice glabris, eroso-denticulatis, pedicellis fructiferis strictis, reflexis (rarius, et solummodo in individuis sterilibus, erectis), glanduloso-pubescentibus, calice duplo triplove longioribus, sepalis ovato-lanceolatis, apice membranaceo obtusis, petalis emarginatis vel denticulatis, calice longioribus.

Wahlenb. *Suec.* pag. 288. — Fries! nov. ed., 2, p. 134. — Smith. — Curt. Lond., t. 33. — Mert. et Koch. — K. *Syn.*, 121. — Roth. — DC., *Pr.* p. 416, 17 ex parte. — Rchbb. *Excurs.*

Myosotis arvensis hirsuta minor, Vaill., Par. t. 30, f. 2.

C. viscosum, Pers.

C. viscidum, Wimmer et Grab.

C. pellucidum, Chaub. — D. C., *Pr.*, pag. 416, 16 ex parte, cum observ. »an var. *Cerast. semidecandri?*«

β *Glandulosum* K. C. *glutinosum*, Fries. — C. *viscosum*, Reichenb., *Plant. crit.* — C. *viscidum*, Link.

γ *Glaberrimum*, K. C. *macilentum*, Aspegren. — Reichenb.

δ *alsinoides. C. semidecandrum.* β *alsinoides*, DC. — C. *alsinoides*, Pers.

In arvis cultis et incultis, præsertim sabulosis Europæ copiose. Martio, aprili, maio.

6. *Cerastium Grenieri*, Schultz.

Piloso-viscosum. Caule erecto vel adscendente, foliis oblongis vel ovato-lanceolatis, acutis, basi angustatis, inferioribus in petiolum angustatis, paniculæ ramulis superioribus aggregatis, bracteis omnibus herbaceis, minime scariosis, vel superioribus sepalisque margine angustissime scariosis, apice glabris, stria herbacea subexcurrente, pedicellis fructiferis erectis vel subpatentibus (nunquam reflexis), calice duplo longioribus, sepalis ovato-lanceolatis acutis, petalis subbifissis, calicem æquantibus vel vix superantibus.

Cerastium commutatum, Schultz, *Herbar*, in exemp. amicis 1831 communicatis et in tentamine 1833 scripto et D. J. Gay in litteris 1834 communicat.

α *Obscurum*, atro-virens, bracteis omnibus herbaceis, minime scariosis. C. *obscurum*, Chaub. in *St. Am. Fl. Agen.* 18. t. 4. f. 1., et in *Arch. de bot.* — C. *viscosum*, Duby, *B. G.* — DC. *Pr.* 416, 14 ex parte.

β *Pallens*, pallide-virens, bracteis superioribus margine scariosis. C. *pallens*, Schultz, *Herbar.* et in exempl. amic. communic. 1830. — Individua minora sistunt. C. *pumilum*, Curt. *Lond. fasc.* 6, t. 30. — Mert. et Koch. — K. *Syn.* 122. — Reichenb. — C. *semidecandrum*, Lois. — Link. — Pers. *Syn.* — C. *semidecandrum*, e. Smith. — C. *ovale* Bess.

α In apricis saxosis, pascuis et agris prope Metz! (Léo) Lotharingiæ, prope Lutetiam! (avec le C. *litigiosum* dans le bois de Boulogne, Grenier) et aliis locis Galliæ, inque Britannia (Chaubard).

β In pascuis et agris arenosis prope Bitche! (Schultz) et Metz! (Léo) Lotharingiæ, Galliæ, Palatinatus, prope Bipontum! (Schultz), Guestphaliæ, Silesiæ, etc., Angliæ (Curt.) etc. Maio. — Ann.

7. *Cerastium litigiosum*, De Lens, in *Lois Gall.*, 1. p. 323.

Piloso-viscosum. Caule erecto vel adscendente (nunquam radicante), foliis superioribus oblongis acutis, inferioribus obtusis spathulatis in petiolum angustatis, paniculæ ramulis superioribus aggregatis, bracteis herbaceis, superioribus calicibusque angustissime scariosis, stria herbacea subexcurrente, pedicellis tenuibus, fructiferis erecto-patentibus (nunquam reflexis), longissimis calice triplo vel quadruplo longioribus, sepalis ovato-lanceolatis acutis, corollis subcampanulatis, petalis calice 1/3 longioribus, subbifissis.

Schultz, *Herbar.* 1830!

C. viscosum, Limoges in exempl. 1830, communic.!

C. sylvaticum, Chaubard in *Archives de bot.*, 47. — (Janvier 1833). — Mutel, *Flore française*, nouvelles additions au t. Ier, p. 479 (cum t. II, 1835).

In arenosis Galliæ prope Lutetiam! (Limoges sub nomine C. *viscosi* 1830) prope Sèvres! (Schultz), in nemore bois de Boulogne! (Grenier! De Lens!) — Maio. — Ann.

20, 20 bis. Je donne l'*Hypericum Elodes* sous deux numéros, parce qu'il est intéressant de l'avoir de deux pays si différents.

21. *Ilex aquifolium*, L. var. *nana*, Schultz. Cette forme est si remarquable qu'elle a déjà été observée, il y a trois siècles, par H. Bock (Tragus) sur la même localité où je l'ai aussi observée et où nos échantillons ont été recueillis par M. Billot. (Conf. H. Hier. Bock, *Kreuterbuch*, *Strasburg* MDLXV, pag. cccxcij. «*Walddistel, Stechpalmens* «welcher baum an ettliche Wælden, als im Ydar, naher dem berghausz Veldenz, gegen der Moselen, sehr hoch und gross anffwechszt, an deren beumen gleich, doch bleiben derselben auch zum theyl nidertrechtig, als im *Hagenauer Forst, gleich wie andere Hecken.*»). Je l'ai aussi trouvée sur le grès vosgien dans les forêts montueuses entre Bitche, Stürzelbronn et Eppenbronn. Les botanistes modernes de l'Alsace ne connaissent que la grande variété, qu'ils n'indiquent que dans les montagnes.

24. *Trifolium striatum*, L. C'est le *T. scabrum* que Pollich indique à Kaiserslautern. Il ne s'y trouve plus, parce que la route royale de Paris à Mayence passe maintenant sur la localité (Koch). Mais j'ai eu le plaisir de découvrir une nouvelle localité pour le Palatinat, à Hombourg, où j'ai recueilli, en 1829, les échantillons que je donne dans cette collection. Il s'y trouve sur des champs en friche et des collines incultes et sablonneuses, avec les *Carex hirta, Artemisia campestris, Ulex europœus, Sinapis cheiranthus, Vicia lathyroides, Ornithopus perpusillus, Spartium scoparium, Aira præcox*, etc. J'y ai même trouvé, sur des places un peu humides, le *Juncus capitatus*.

28. *Vicia gracilis*, Lois. J'ai trouvé dans beaucoup d'autres localités du Palatinat, cette belle plante que Koch, dans sa *Synopsis*, n'indique qu'à Spire et à Mayence. Aux environs de Deux-Ponts où je l'ai découverte, il y a plus de quinze ans, elle se trouve presque partout dans le muschelkalk. Je l'ai vue près de la faisanderie, près des fermes de Mühlthal et Oberstenhof; près des fermes de Kallenberg et Kirchheimerhof; près des villages de Bœckweiler, Pinningen, Walsheim, Bliestbalheim, Gersheim, Habkirchen, etc. Sur le sol français, je l'ai trouvée près des villages d'Achen, Vitringen, Sedingen, etc. Elle se trouve ordinairement dans les champs, mais je l'ai

aussi rencontrée une fois dans des prés secs sur le muschelkalk : les fleurs étaient plus grandes que dans les champs.

30 et 31. J'ai publié dans le temps des descriptions de *Circæa* que je trouve utile de publier une seconde fois ici.

« *Flora oder botanische Zeitung* , 1828 ! » pag. 587 , 588 , 589 et 590.

«1) *Circæa Lutetiana* , Linn. C. calice pubescente, petalis basi obtusis, profunde emarginatis, calicem æquantibus, bracteis vix ullis, petiolis supra canaliculatis, cæterum teretibus, foliis remote denticulatis. Schultz. »

«2) *Circæa intermedia*, Ehrh. C. calice glabro, petalis basi obtusis, profunde emarginatis, calicem æquantibus, bracteis minimis, petiolis supra canaliculatis, cæterum teretibus, foliis sinuato denticulatis. Schultz. »

«3) *Circæa alpina*, Linn. C. calice glaberrimo petalis basi acutis, fissis, calice brevioribus, bracteis minimis, petiolis supra planis membranaceo-angulatis, foliis sinuato denticulatis. Schultz.»

Je prie de comparer ces descriptions que j'ai publiées en 1828 , avec celles que M. Reichenbach a publiées en 1832.

« *Flora Germanica excursoria* auctore L. Reichenbach, consil. aul. reg. Saxon. etc., Lipsiæ 1830-1832» !!! pag. 638, 4100, 4101 et 4102.

M. Mutel , dans sa *Flore française* , a mis par erreur (???) en citant mon travail sur les *Circæa*! Schultz 1832 au lieu de 1828.

31. *Illecebrum verticillatum*, L. J'ai découvert cette belle plante à Bitche. Elle ne se trouve pas ailleurs sur la rive gauche du Rhin le long de ce fleuve, depuis la Suisse jusqu'en Hollande, quoiqu'elle soit indiquée dans la *Flore française* de M. Mutel, à Niederbronn, d'après M. Kirschleger (confer. l. c. nouvelles additions au tome 1er, pag. 503. «Niederbronn (Kirschleger)»). Elle ne se trouve pas à Niederbronn , pas plus que le *Tillæa muscosa* , aussi indiquée par M. Kirschleger comme étant à Niederbronn. Ces deux plantes manquent tout à fait à l'Alsace.

40. *Galium saxatile*, L. M. Lenormand a recueilli les échantillons de notre collection, dans des lieux secs et rocailleux, à Vire. A Deux-Ponts , dans la plaine stérile de Sarrebrück jusqu'à Kaiserslautern, il ne se trouve que dans les marais, bruyères et forêts tourbeuses et humides, mais en grande abondance ; par exemple, près de la Geiskirch, de Neuhæusel, Limbach, Homburg, Vogelbach, Misau, Landstuhl, etc. Je l'ai aussi rencontré, mais peu abondant, sur une colline sèche dans le grès rouge à Hombourg. Il est très-rare à Bitche, sur le grès vosgien. Il est très-commun sur le Champ-du-Feu, dans les Vosges, où je l'ai vu avec le *Polygala depressa*.

41. *Valerianella carinata* , Lois. Cette plante est plus répandue qu'on ne le croit. Je l'ai trouvée depuis plus de quinze ans à Deux-Ponts , Sarreguemines et Sarrebrück. Mais elle ne se trouve jamais dans les champs de blé, comme nos autres espèces. Elle croit sur les lisières, les collines herbeuses, les rochers, dans les vergers, etc.

45, 45 bis. J'ai déjà dit dans la «*Bot. Zeit.* , 1827 , p. 669,» que les formes intermédiaires prouvent clairement que le *Taraxacum palustre* n'est qu'une variété du *T. officinale*. Je me suis convaincu plus tard , qu'il en est de même de toutes les autres espèces formées de cette plante, et que les *T. officinale*, Mœnch ; *T. lævigatum*, DC., (*Leontodon corniculatus*, Kit.), *T. palustre*, DC., (*Leontodon lividus*, W. K.; *L. salinus*, Pollich); *T. scorzonera*, (*Leont.*) Roth, etc., ne sont que des variétés d'une seule et même espèce. Koch l'a prouvé depuis, en cultivant toutes ces espèces de la semence du seul *T. palustre*.

46. *Hieracium flagellare*, Willd. J'ai observé en Alsace plusieurs formes de cette plante. Dans la plaine je l'ai toujours trouvée *flosculis omnibus tubulosis* , et dans les montagnes *flosculis ligulatis*. Du dernier j'ai fait la var. *α*, et du premier la var. *β*. On trouve les deux variétés : *stolonibus floriferis* et *stolonibus sterilibus*. On les trouve même quelquefois sans aucune trace de stolon. Dans la *Flore française* de M. Mutel, le *H. Pilosello Auricula*, Schultz, est rapportée mal à propos à cette espèce (Conf. Mut., *Fl. fr.*, t. II, pag. 236). C'est une hybride bien différente, dont je donnerai une description et une figure dans notre seconde centurie. J'ai découvert cette plante intéressante en 1828 aux environs de Munich. Je donnerai également dans notre seconde centurie une description et une figure de *Hieracium Pilosello-præaltum*, Schultz, hybride entre les deux espèces dont il porte le nom. J'ai découvert cette belle plante à Bitche, parmi ses congénères.

47. Je dispose maintenant mon *Hieracium mutabile*, comme il suit :

Hieracium mutabile, Schultz, *Manusc.* et in Mutel, *Fl. fr.*, tom. II, pag. 225 ¹.

α Glabratum.

A. *Astolonum. H. præaltum*, Villars. On peut distinguer de celui-ci deux formes : la forme ordinaire et le *H. obscurum*, Rchb.

B. *Stoloniferum. H. Bauhini*, Schultes.

β Intermedium. H. pratense, Tausch.

δ Villosum.

A. *Astolonum. H. fallax*, Willd. Je réunis à celui-ci les *H. cymigerum*, Rchb., *H. setigerum*, Tausch, etc. ; mais je ne sais encore si l'on peut y rapporter aussi le *H. cymosum*, L., et le *H. piloselloides*, Vill. ; la culture de ces deux derniers dans le jardin nous en instruira.

B. *Stoloniferum. H. collinum*, Gochn.

48. Ce que nous donnons sous le nom de *Scorzonera lanata*, Schrank , est la plante que l'on donne ordinairement pour le *S. humilis*, qui est toute différente. Notre plante est synonyme du *S. plantaginea*, Schleich, et est extrêmement commune en Bavière, notamment aux environs de Munich, tandis que le véritable *S. humilis*, L., est une plante rare qui ne se trouve pas du tout en Bavière. Le *S. humilis*, L., a une racine chevelue, et notre plante a la racine non chevelue. La localité où nos échantillons ont été recueillis, a été découverte par moi, et est nouvelle pour le département de la Moselle, ainsi que le lieu où je l'ai découverte à Strasbourg est nouveau pour l'Alsace. Mon ami Billot l'a aussi découverte à Haguenau, Strasbourg et à Rambervillers, et il me dit qu'elle est abondante sur le versant occidental des Vosges.

52. Le *Chlora serotina*, Koch, est une espèce très-constante dans ses caractères, quoique M. Kirschleger soit «persuadé que c'est une très-mauvaise espèce». (Voyez son *Prodrome de la Flore d'Alsace*, pag. 90). Il est très-commun aux bords du Rhin, et je l'ai recueilli moi-même en 1829 en plusieurs endroits : à Reschwoog, Wœrth, Kniclingen, etc. Mon ami Billot l'a trouvé à Strasbourg, Roppenheim, Drusenheim, etc. Il est commun aussi à Frankenthal, dans le Palatinat. J'ai trouvé quelquefois des échantillons *sepalis petalisque acuminatis*, qui me semblent être le *C. acuminata* des botanistes du Palatinat.

57. A Munich en 1828 j'ai recueilli le *Pulmonaria mollis*, et en ai emporté avec moi plusieurs pieds vivants que j'ai transplantés dans un jardin à Deux-Ponts. En 1829, dans un voyage de Munich à Deux-Ponts, j'ai trouvé, dans des prairies marécageuses, près de Frankenstein, dans le Palatinat, les plus beaux intermédiaires entre le *P. angustifolia*, L., et mon *P. mollis*, de Munich, qui existe encore dans le jardin à Deux-Ponts, où il s'est transformé tout-à-fait en *P. Angustifolia*, de forme ordinaire. J'ai aussi trouvé des intermédiaires à Bitche. J'en conclus que le *P. mollis*, Wolff, n'est qu'une variété du *P. angustifolia*, L. C'est ainsi que dès 1829 je l'ai donné à mes amis.

59, 60, 61 et 62. Il y a déjà douze ans que j'ai trouvé et distingué sur le sol français les *Myosotis hispida*, *versicolor*, *stricta*, *intermedia*, *sylvatica*, *palustris* et *cespitosa*, quoique dans le *Botanicon gallicum* de DC. et Duby, qui a paru il n'y a que huit ans, on ne trouve que les deux espèces, *M. annua* et *M. perennis*. M. Mutel, dans sa *Flore française*, qui a paru il n'y a qu'un an, confond encore le *M. cespitosa* avec les *M. laxiflora* et *strigulosa*, en réunissant ces deux dernières comme var. *b* et *c* de la première, quoiqu'il ait décrit la plante d'après des échantillons qu'il a reçus de moi (voyez Mutel, *Fl. fr.*, tom. II, p. 319). M. le professeur Kirschleger à Strasbourg fait encore pis ; il prend de petits échantillons de *M. cespitosa*, pour le *M. sparsiflora* Mikan, et donne les deux espèces dans son *Prodrome de la Flore d'Alsace*, l'une comme trouvée par lui, quoique je la lui eusse fait connaître le premier chez moi à Bitche, et la seconde malgré les observations de mon ami Billot qui lui disait qu'elle n'avait pas les caractères du *M. sparsiflora*. Telles sont les raisons qui nous déterminent à publier les *Myosotis* dans nos centuries. J'ai planté en 1829, dans mon jardin, le *Myosotis cæspitosa* qui s'y est propagé de lui-même par ses semences pendant cinq ans, et n'a changé ni de face ni de caractère.

63. *Orobanche minor*, L. J'ai découvert en 1833 près de Dorlisheim, dans le département du Bas-Rhin, un Orobanche bien voisin de celui-ci et que j'ai reconnu de suite pour une nouvelle espèce. Un orage m'a empêché de chercher la plante-mère, en me forçant à me retirer à la hâte de la montagne. Je lui ai donné le nom d'*Orobanche alsatica*, en attendant que je puisse revenir une autrefois sur place, et y renouveler mes recherches. C'est encore la raison pour laquelle je n'ai pas publié ma découverte. M. Kirschleger à qui je l'ai montré l'an dernier, en lui faisant part du nom que je lui avais donné, me disait qu'il avait trouvé dans le temps un Orobanche semblable au mien, mais qu'il ne l'avait encore ni déterminé, ni nommé, et que c'était sans doute le même. Je lui répliquai qu'il était libre de donner un *autre* nom à sa plante, fût-ce même mon *O. alsatica*, parce que je n'avais pas encore publié ce nom. Quelque temps après M. Kirschleger m'envoya un exemplaire de sa plante sous le nom d'*Orobanche alsatica*, Schultz ; mais l'année suivante, dans son *Prodrome*, il imprima *Orobanche alsatica*, NOBIS, par conséquent, Kirschleger. Je conserve la plante qu'il m'a envoyée avec l'étiquette écrite de sa propre main, afin de prouver qui a déterminé et nommé l'*Orobanche alsatica*. Le même jour et sur la même montagne où j'ai découvert l'*O. alsatica*, j'ai aussi trouvé une nouvelle localité de mon *O. Teucrii*, à propos duquel il est dit, par une faute d'écriture, dans la *Bot. Zeit.*, *Stylus albus*, au lieu de *phœniceus*. M. Mutel, dans sa *Flore fr.*, nouvelles additions au t. II, 417, dit : «M. Schultz vient aussi de donner un nouveau détail de la fleur dans la *Bot. Zeit.*, 1836.» Est-ce une nouvelle faute d'impression comme pour les *Circæa* (???) — C'est dans la *Botanische Zeitung* du 7 avril 1835 et non 1836 que j'ai donné la figure et la nouvelle description de mon *O. Teucrii*.

64. Le *Rhinanthus angustifolius*, Gmel., est une bonne espèce, quoique M. Reichenbach le regarde comme synonyme du *R. minor*, Ehrh. D'un autre côté, je regarde le *R. hirsutus*, Lam., comme var. du *R. major*, Ehrh., quoique M. Reichenbach prétende que c'est une bonne espèce, en me disant des choses peu polies, parce que j'ai publié cette opinion dans la *Botan. Zeitung*, 1827. (Reichenb., *Fl. germ. excursoria*, p. 358, 2442). Il distingue son *R. hirsutus seminibus exalatis*; cependant, s'il veut en voir des échantillons *seminibus alatis*, il peut s'adresser à moi, je me ferai un plaisir de lui en donner.

65. *Kochia*. Nous regardons comme de bon augure de pouvoir donner dans notre première centurie, la plante qui porte le nom de cet excellent homme. Que Dieu le conserve encore longtemps à la science et à ses amis !

75. *Thesium alpinum*, L. Notre plante n'est pas seulement celle de Linné, c'est aussi le *Thesium alpinum*, de Pollich, quoique M. Reichenbach réunisse ce dernier comme synonyme au *T. ramosum*, Hayne, en citant les localités indiquées par Pollich dans le Palatinât. (*Confer Fl. germ. excurs.*, pag. 158—958). Je l'ai recueilli plus d'une fois sur ces localités, et je l'ai comparé au *T. alpinum* que j'ai recueilli dans les Alpes; je n'ai trouvé aucune différence entre le *T. alpinum* des Alpes, à Munich, Tegernsee, dans le Tyrol, la Carinthie, le Salzbourg, etc., et celui que j'ai recueilli dans les lieux indiqués par Pollich, à Kaiserslautern et Mehlingen, et dans plusieurs autres endroits du Palatinât, à Durkheim, Neustadt, etc., et dans l'Alsace et la Lorraine, à Niederbronn, Sturtzelbronn, Bitche, etc.

83, 84, 85. Nous donnons trois espèces de la famille des LILIACÉES, dont deux *Gagea*. J'ai eu le plaisir de déterminer deux espèces nouvelles pour la *Flore française*, dont une même n'a pas encore été décrite. C'est la *Gagea Soleirolii*, Schultz, dont j'ai fait une figure ; le manque de temps m'empêche de la donner dans cette première centurie, je la réserve pour la seconde. J'en donne ici cependant une petite description telle que celle que j'ai communiquée dans le temps à M. Mutel, pour l'insérer dans sa *Flore française*.

Gagea Soleirolii, Schultz.

Bulb. 2; foliis radicalibus binis, erectis, filiformibus, subfistulosis, acuminatis, medio latioribus, caulinis tribus alternis, erectis, apice scapo adpressis, lanceolatis, acuminatis, flore terminali, solitario, sepalis lanceolatis, acuminatis, pedunculo (uti tota planta) glaberrimo.

SYNON. et ICON. *Ornithogalum Soleirolii*, Schultz, in litteris et in «*Flore française* de Mutel.»

Differt a *G. minima et fistulosa* fol. radicalib. 2 ; a *G. bohemica* fol. erectis et sepalis lanceolatis acuminatis; a *G. saxatili* iisdem caracteribus et pedunculis glaberrimis; a *G. arvensi*, floribus solitariis, foliis caulinis 3 alternis, pedunculis glaberrimis.

Habitat in montibus Corsicæ, cum *G. fistulosa et saxatili*; «croît sur les roches recouvertes d'un peu de terre dans les hautes montagnes, à 2200 mètres d'élévation, c'est-à-dire, pas loin des neiges éternelles» (Soleirol, in litter.)

Nomen dedi in honorem Cl. *Soleirol* qui hanc speciem in Corsica invenit et mihi (cum *G. fistulosa et saxatili*, sub nomine *Ornit. fistulosi*) communicavit.

L'autre espèce nouvelle pour la *Flore française* est la *Gagea saxatilis*, Koch, communiquée par M. Guépin, sous le nom d'*Ornithogalum bohemicum*, de l'ouest de la France, et de M. Soleirol, sous le nom de *O. fistulosum* de la Corse. Elle est commune sur les collines pierreuses et sur les rochers exposés au soleil, à Durckheim, Kirchheimboland, Winnweiler, Kreutznach, Bingen, etc., dans les pays qui bordent le Rhin ; et je pense que c'est aussi l'*Ornithogalum* qu'un botaniste alsacien, dont je possède un manuscrit, a trouvé en 1800 sur un rocher de la montagne Sainte-Odile, près de Barr.

93. Je donne l'*Arrhenatherum bulbosum* comme espèce, n'ayant pas encore eu occasion de le voir vivant, et n'ayant pas observé d'intermédiaires.

94. J'ai recueilli l'*Osmunda regalis*, dans les localités où H. H. Bock l'a découverte, il y a trois siècles (Confer ejus *Kreutterbuch*, *Strasburg*, 1565, où il dit : *Im Wasgau*, *gegen dem Berghaus Circul*, *findt man denselben grossen Farn in den hohen Wælden*). Je l'ai aussi découverte aux environs de Bitche et de Sturtzelbronn. Mon ami Billot l'a trouvée abondamment dans toutes les parties de la forêt de Haguenau.

100. *Meesia uliginosa*, Sw. J'ai découvert cette plante à Bitche, où elle se trouve sur une seule localité bien remarquable, sur la face inférieure d'un rocher de grès. J'ai découvert en 1823, sur une localité analogue, aux environs de Deux-Ponts, le *Mnium crudum*, et je l'y ai montré à notre grand bryologue, M. Bruch, mon célèbre et très-estimable compatriote, auquel je présente ici mes sentiments de reconnaissance, pour les encouragements et les renseignements qu'il a bien voulu me donner dans ma jeunesse, lorsque je fis les premiers pas dans ma carrière botanique.

ABRÉVIATIONS.

D. — DE CANDOLLE. *Botanicon gallicum*, *digestum a J. E. Duby*. 1828.
D.C. — DE CANDOLLE.
K. Syn. — *Synopsis Flor. german. et helv.*, *auctore* G. D. J. KOCH. 1836.
M. et K. — *Deutschl. Flora von* MERTENS *und* KOCH, 1823, 26, 31 et 33.
rec. — recueilli par.
d. — découvert par

Bitche, 1836.   SCHULTZ.

INTRODUCTION.

La collection, dont nous publions en ce moment la première centurie, n'a été entreprise que pour répondre à un besoin qui se fait sentir en France, où l'on connaît généralement peu les espèces nouvelles que l'activité des savants allemands leur a fait découvrir. Un herbier français est devenu nécessaire. C'est aussi une des raisons pour laquelle nous écrivons en français, langue que tout Allemand instruit se fait un devoir de comprendre. Les assurances de participation et les envois de plantes que nous avons déjà reçus de l'Allemagne, nous ont engagés à offrir le plan actuel. Nous le présentons avec modestie, mais sans crainte, aux hommes qui aiment à connaître les plantes de leur pays. Nous ne nous bornons pas aux limites politiques; nous regardons comme France et Allemagne les pays où l'on parle les deux langues et nous y comprenons par conséquent la Suisse.

Quoique je sois seul responsable de l'exactitude de la détermination des espèces, je dois cependant faire observer que je n'ai eu à rectifier la détermination d'aucune des espèces envoyées par mes collaborateurs; toutes étaient bien nommées.

J'ai toujours suivi Koch pour la détermination des plantes décrites dans la *Deutschlands Flora* ou dans la *Synopsis*, et quoique je ne m'astreigne à aucune autorité, il est mon premier maître et je le consulterai toujours. Partout où il m'a servi de guide, j'ai marché sûrement. J'aurais dédié cet opuscule à ce grand homme, mon compatriote, si je n'en eusse regardé la dédicace comme trop au-dessous de son mérite.

Nous n'avons pas encore en France d'ouvrage qui puisse rivaliser avec celui de Mertens et Koch et avec la *Synopsis de Koch*; mais nous possédons un homme qui, depuis longtemps, s'occupe d'un travail semblable, et dont les profondes connaissances en botanique nous assurent d'excellents résultats : c'est M. J. Gay, à Paris. Les lettres affables dont il m'a honoré m'ont beaucoup encouragé dans mon faible travail, lorsque les devoirs de mon état, tout étrangers à la botanique, ne me laissaient que fort peu de temps à consacrer à cette belle science. Je saisis avec empressement cette occasion de lui témoigner ma reconnaissance.

Le seul désir d'être utile à la science a réuni autour de moi des collaborateurs désintéressés et modestes, et c'est à leur correspondance amicale que je dois les heures les plus agréables de ma vie.

Nos plantes n'ont pas été séchées pour en faire un objet de parade; elles sont peu pressées; notre soin principal a été de leur laisser leur forme naturelle. Nous n'étalons pas les feuilles pour ne pas faire des *folia patentia*, quand une plante a des *folia erecta*. Ce serait là un soin nuisible. Nous ne voulons cependant pas prétendre que nos plantes soient séchées d'une manière exemplaire; nous ne sentons au contraire que trop bien, que quelques-unes ne le sont pas très-élégamment. Nous sommes, pour la dessication des plantes, loin de pouvoir concourir avec les maîtres de l'Allemagne, notamment avec le célèbre professeur Hoppe. Nous recevrons avec reconnaissance toute critique raisonnable, et nous fournirons gratis de meilleurs échantillons des plantes qui n'auront pas été données dans toute leur intégrité, ainsi que de celles qui doivent être en fruit.

De nouveaux et savants collaborateurs, qu'il ne m'est pas encore permis de nommer, ont annoncé leur coopération à la deuxième centurie. Je dirai cependant ici, qu'au printemps de 1837, un de ces collaborateurs parcourra le Languedoc, et un second les Alpes du Dauphiné, pour y recueillir des espèces rares pour nos centuries.

Il n'entre pas dans notre plan de fournir des descriptions et des figures ; nous nous bornons à donner à chaque plante une étiquette avec le nom, les synonymes indispensables, la citation d'un auteur français et celle d'un auteur allemand, dont les ouvrages offrent une bonne description, l'époque de la floraison, les localités où elle a crû, et le nom de celui qui l'a recueillie; quelquefois aussi la constitution géologique du terrain, et le nom de celui qui l'y a découverte.

Je donnerai cependant de courtes descriptions pour quelques plantes, qui, après un mûr examen, ne m'ont pas paru assez convenablement déterminées par mes prédécesseurs, ainsi que pour quelques espèces nouvellement érigées; je donnerai aussi, plus tard, quelques figures nécessaires, notamment pour des espèces hybrides qu'on ne peut pas se procurer en cent échantillons.

Chaque étiquette sera numérotée, et dans la disposition, nous suivrons la méthode naturelle. Nous donnerons à la fin de l'ouvrage une table par familles, genres et espèces, de manière que le possesseur de la collection puisse lui-même classer le tout.

Les plantes que nous donnons dans cette première centurie, sont :

RENONCULACÉES. 1, *Thalictrum minus*, Linn. α. 2, *Anemone vernalis*, L. 3, A. *Ranunculoides*, L. — FUMARIACÉES. 4, *Corydalis solida*, Schultz, α. *digitata*. — CRUCIFÈRES. 5, *Arabis auriculata*, Lam. 6, *Hutchinsia petræa*, R. Brown. — VIOLARIÉES. 7, *Viola Schultzii*, Billot. 8, *Viola sylvestris*, Lam. 9, *Viola canina*, L. 10, *Viola Billotii*, Schultz. — POLYGALÉES. 11, *Polygala depressa*, Wenderoth. — ALSINÉES. 12, *Alsine tenuifolia*, Wahlenb. 13, *Stellaria viscida*, Marsch. v. Bieberst. 14, *Cerastium brachypetalum*, Desportes, du grès vosgien. 14 bis, le même du Muschelkalk. 15, C. *semi-decandrum*, L. 16, C. *Grenieri*, Schultz, α. 16 bis, C. *Grenieri*, Schultz, β. 17, C. *litigiosum*, De Lens. — TILIACÉES. 18, *Tilia parvifolia*, Ehrh. — HYPÉRICINÉES. 19, *Hypericum linea-

rifolium, Wahl. 26, *H. Elodes*, L., du Calvades. 20 bis, le même, des Vosges. — FRANGULACÉES. 21, *Ilex aquifolium*, L., var. *nana*, Schultz. — PAPILIO-
NACÉES (Légumineuses). 22, *Medicago minima*, Lam. 23, *Trifolium alpestre*, L. 24, *T. striatum*. L. 25, *T. subterraneum*, L. 26, *T. patens* Schreb.
27, *Astragalus hypoglottis*, L. 28, *Vicia gracilis*. Lois. 29, *V. lathyroides*, L. — AMYGDALÉES. 30, *Prunus Padus*, L. — ONAGRAIRES. 31, *Circœa inter-*
media, Ehrh. 32, *C. alpina*, L. — PARONYCHIÉES. 33, *Illecebrum verticillatum*, L. — CRASSULACÉES. 34, *Umbilicus pendulinus*, D. C. 35, *Sedum*
Anglicum, Huds. 36, *S. sexangulare*, L. — GROSSULARIÉES. 37, *Ribes nigrum*, L. — SAXIFRAGÉES. 38, *Saxifraga Hirculus*, L. — OMBELLIFÈRES.
39, *Helosciadium inundatum*, Koch. — ÉTOILÉES (*stellatœ*). 40, *Galium saxatile*, L. — VALÉRIANÉES. 41, *Valerianella carinata*, Lois. — DIP-
SACÉES. 42, *Knautia sylvatica*, Dub. — COMPOSÉES. 43, *Inula hirta*, L. 44, *Artemisia campestris*, L. 45, *Taraxacum officinale*, Vill. var.
palustris. 45 bis, *T. officinale*, Vill. var. *arenaria*; 46, *Hieracium flagellare*, Willd.; 47, *H. mutabile*, Schultz, var., α, A. 48, *Scorzonera lanata*,
Schrank. — CAMPANULACÉES. 49, *Wahlenbergia hederacea*, Reichenbach. — ERICINÉES. 50, *Andromeda polyfolia*, L. — GENTIANÉES. 51, *Chlora*
perfoliata, L. 52, *C. serotina*, Koch. 53, *Gentiana pneumonanthe*, L. 54, *G. utriculosa*, L. — BORRAGINÉES. 55, *Lithospermum purpureo-*
cœruleum, L. 56, *Pulmonaria officinalis*, L. 57, *P. angustifolia*, L. 58, *Symphytum bulbosum*, Schimper. 59, *Myosotis hispida*, Schlectend. 60, *M.*
versicolor, Roth. 61, *M. stricta*, Link. 62, *M. sylvatica*, Ehrh. — PERSONÉES. 63, *Orobanche minor*, L. 64, *Rhinanthus angustifolius*, Gm. 65, *Bartsia*
viscosa, L. 66, *Sibthorpia europœa*, L. 67, *Scrophularia canina*, L. 68, *Linaria striata*, DC. 69, *Veronica præcox*, Allioni. 70, *Lindernia Pyxidaria*,
Allioni. — PLANTAGINÉES. 71, *Plantago arenaria*, W., Kit. — CHÉNOPODÉES. 72, *Salsola Kali*, Linn. 73, *Kochia arenaria*, Roth. — THYMÉLÉES 74, *Daphne*
Cneorum, L. — SANTALACÉES. 75, *Thesium alpinum*, L. — ORCHIDÉES. 76, *Orchis laxiflora*, Lam. 77. *O. odoratissima*, L. 78, *O. viridis*, Crantz.
79, *Ophrys arachnites*, Hoffm. 80, *Spiranthes autumnalis*, Rich. 81, *Malaxis paludosa*, Sw. — AMARYLLIDÉES. 82, *Leucoium vernum*, L. — LILIACÉES.
83, *Gagea stenopetala*, Fries. 84, *G. lutea*, L. (*Ornithog.*). 85, *Narthecium ossifragum*, Huds. — CYPÉRACÉES. 86, *Eriophorum alpinum*, L. 87, *Carex*
capitata, L. 88, *C. chordorhiza*, Ehrh. 89, *C. heleonastes*, Ehrh. 90, *C. pauciflora*, Lightf. 91, *C. microglochin*, Ehrh. 92, *C. ericetorum*, Pollich.
— GRAMINÉES. 93, *Arrhenatherum bulbosum*, Willd. (*Avena bulbosa*). 94, *Alopecurus utriculatus*, Pers. — FOUGÈRES. 95, *Osmunda regalis*, L. — LYCO-
PODIACÉES. 96, *Lycopodium selago*, L. 97, *L. inundatum*, L.— MOUSSES. 98, *Dicranum spurium*, Hedw. 99, *Mnessia longiseta*, Hedw. 100, *M. uliginosa*, Sw.

1° Ce que nous donnons sous ce numéro, est le véritable *Th. minus*, L., c'est la var. α *virens* de Walroth et de Koch; mais elle tire un peu vers la var. ε *roridum*. On la donne souvent en France sous le nom de *Th. saxatile*; mais elle en est bien différente. Le *Th. minus*, L. a pour caractères de sa tige *caulis sulcatus, angulosus, articulis geniculatus seu flexuosus*; et le *Th. saxatile* DC. *caulis teres, glaber, solummodo infra basin articulorum striatus, strictus, ad genicula haud flexus, articulis quandoque flexuosis*. Cependant je regarde avec Koch le *Th. saxatile* comme var. ε du *Th. minus*; ayant trouvé aux environs de Ratisbonne une forme intermédiaire entre lui et le ε *dumosum*, Koch. Le *Th. minus* α n'est pas rare; je l'ai trouvé presque partout où j'ai herborisé; tandis que le *Th. saxatile* DC. me paraît fort rare. Jusqu'à présent je ne l'ai rencontré que dans deux localités, à un seul endroit, dans les forêts entre Kaiserslautern et Mœlschbach, dans le Palatinat, et à Heiligenblut, en Carinthie. Le *Th. minus* se trouve sur les collines exposées au soleil, tandis que le *Th. saxatile* n'aime que les forêts sauvages et les montagnes froides.

2° L'*Anemone vernalis* a été découvert par moi près de Bitche et de Pirmasens (voy. *Botanische Zeitung* 1827, pag. 667). Ces localités sont fort intéressantes pour la géographie botanique. Il ne s'y trouve que sur le grès vosgien et ne s'éloigne pas de plus de deux lieues de la crête de notre branche des Vosges. Je l'ai trouvé sur le versant occidental, dans les bruyères et les forêts (de la plaine et non sur les montagnes), à Bitche, très-près de la ville (au pied des collines, plus rare sur le sommet), entre Egelshardt et Haspelscheid, près d'Eppenbronn, etc., et sur le versant oriental à Waldeck, Ludwigswinkel, Fischbach, etc. A Bitche, il se trouve presque toujours avec le *Daphne cneorum*, et il y mérite bien l'épithète de *vernalis*; car c'est lui qui annonce le printemps; il y fleurit en mars et avril dans les années ordinaires, et quelquefois même en février dans les années précoces. Il ne se trouve dans aucun endroit des Vosges autre que ces localités, et dans la même chaîne de montagnes, à quinze lieues plus au nord, dans les lieux déjà indiqués par Pollich et Koch, à Kaiserslautern et Hochspeier où je l'ai aussi recueilli autrefois. Il ne se trouve ni dans les autres parties des Vosges, ni dans la Forêt-Noire, ni dans aucun pays des bords du Rhin, depuis les frontières de la Suisse jusqu'en Hollande.

3° Koch, dans la *Deutschlands Flora*, dit que l'*Anemone ranunculoides* ne se trouve que dans les forêts des montagnes, sur une couche de pierre dure, *in Gebirgswaldungen auf einer Unterlage von hartem Gesteine*, et qu'il ne l'a jamais observé dans des montagnes de grès. Je l'ai remarqué, il y a déjà longtemps, dans la forêt de Haguenau, qui se trouve dans la plaine et où il n'y a pas de couches de pierre dure, et je l'ai aussi trouvé à Wurtzbach aux environs de Deux-Ponts sur des montagnes de grès.

4° Mon *Corydalis solida* comprend deux espèces: le *C. digitata*, Pers. (*C. solida*, Smith, Schimper et Spenner) et le *C. fabacea*, Pers. (*C. intermedia*, Mérat). En 1822 j'ai déjà trouvé des intermédiaires entre ces deux espèces, à Bliesthalheim, près Deux-Ponts, et j'ai déjà dit dans la *Botan. Zeitung* 1827, que je regarde le *C. fabacea* comme variété du *C. Halleri* (*conf. l. c. pag. 669*). Plus tard, en 1831, aux environs de Prague, j'ai trouvé ces deux plantes avec une grande quantité d'intermédiaires. Seulement en 1828, à Ebenhausen, aux environs de Munich, où je l'ai découvert comme plante nouvelle pour la flore de cette ville, et aux environs de Muggendorf, Baruth et Berneck, j'ai vu le *C. fabacea* sans le *C. digitata* et sans intermédiaires. Je les dispose comme il suit:

Corydalis solida, Schultz, *exsic.* 1827 *et in* Mutel, *Flore française.*

α *Digitata* (*C. digitata*, Pers.; *C. solida*, Smith, Schimper et Spenner 1829).

β *Crenata.*

γ *Integra* (*C. fabacea*, Pers.; *C. intermedia*, Mérat; *C. Halleri*, var. *fabacea*, Schultz, *in Bot. Zeit.* 1827).

M. Spenner, dans la « *Flora Friburgensis*, tome III, pag. 909, 1829 » dit dans une note « *Specimina bracteis integris (ab amico* Schimper *et pharm.* Schultz *Circa Bibontum lecta) transitum hujus speciei* (son *C. solida*) *in C. fabaceam*, Pers. *demonstrare videntur.* » Mon ami Schimper n'a jamais recueilli cette plante à Deux-Ponts (*Bipontum* et non *Bibontum*); mais il est le premier à qui j'aie montré mes intermédiaires et communiqué mon opinion dont plus tard il a fait part à M. Spenner.

7. *Viola Schultzii*, Billot. Mon ami Billot qui a découvert cette espèce lui a donné mon nom.

On peut la décrire ainsi :

Viola Schultzii.

Caulibus erectis, strictis glaberrimis, foliis, infra glabris, supra piis sparsis, brevissimis, tenuissime pubescentibus, e basi distincte cordata ovato-lanceolatis, stipulis caulinis lanceolatis, superioribus petiolum æquantibus sepalis acutis, calcare appendicibus calciis duplo triplove longiore, acuminato, apice sursum curvato, bifurcato.
In pratis turfosis prope Haguenau, Alsatiæ. (Billot), Maio, Iunio.
Flores ante anthesin flavescentes, tum nivei, calcar ante anthesin virens, tum flavescens.
Differt ab omnibus violæ caninæ consanguineis calcare longo, acuminato, apice sursum curvato, bifurcato.

10. *Viola Billotii.* J'ai découvert cette plante et je l'ai prise d'abord pour le *V. stagnina*, Kit. avec lequel elle a la plus grande ressemblance; mais plus tard j'ai trouvé quelques différences qui m'ont forcé de la séparer de cette espèce et je lui ai donné le nom d'un ami très-versé dans la connaissance des violettes de l'Alsace. M. Mutel, capitaine d'artillerie, à Strasbourg, à qui je l'ai montrée cette année sur la localité, la confond mal à propos avec le *Viola pumila*, Villars, et le *V. pratensis*, Mert. et Koch, en prenant de petits échantillons pour le premier et de plus grands pour le second.

On peut décrire notre plante comme il suit :

Viola Billotii.

Caulibus erectis glaberrimis, foliis inferioribus ex ovata, superioribus e cordata basi oblongo-lanceolatis, stipulisque tenuissime pubescentibus, petiolo superne subalato, stipulis caulinis intermediis lanceolatis, foliaceis basi profunde serratis, petiolum æquantibus, longioribusque, sepalis acutis, calcare subtili, appendices calicis subæquante.
Viola Alsatica, Schultz, *exsic.*, 1833.
Viola pumila, Mutel, *Flore française*, tab. suppl. 1, fig. 1, 1830, non Villars nec Chaix.

FLORA

GALLIÆ ET GERMANIÆ EXSICCATA.

HERBIER

DES PLANTES RARES ET CRITIQUES

DE

LA FRANCE ET DE L'ALLEMAGNE,

RECUEILLIES

PAR LA SOCIÉTÉ DE LA FLORE DE FRANCE ET D'ALLEMAGNE.

PUBLIÉ PAR

LE DOCTEUR F. G. SCHULTZ,

MEMBRE DE LA SOCIÉTÉ BOTANIQUE DE RATISBONNE, DE LA SOCIÉTÉ D'HISTOIRE NATURELLE DU DÉPARTEMENT DE LA MOSELLE, DE LA SOCIÉTÉ PHARMACEUTIQUE DE LA BAVIÈRE RHÉNANE, ETC.

Années 1837 et 1838, ou 2ᵉ Centurie.

Membres collaborateurs pour cette seconde centurie : MM. DE BAUDOT, procureur du roi ; DE BELLY, receveur des domaines ; C. BILLOT, professeur ; BUCHINGER, professeur ; BUEK, pharmacien ; COUTEAU, propriétaire ; DURIEU DE MAISONNEUVE, officier d'infanterie ; J. GAY, secrétaire de la chambre des pairs ; le docteur GRENIER, médecin et professeur ; LENORMAND, avocat ; MATHIEU, professeur à l'école forestière ; N. NICKLÈS, pharmacien ; le docteur C. H. SCHULTZ, médecin, et SUARD, pharmacien.

BITCHE ET DEUX-PONTS, CHEZ L'AUTEUR.

1838.

Prix, 20 fr. chez les libraires. — 15 fr. chez l'Auteur en payant d'avance.
Lettres, envois d'argent et demandes, à affranchir.

Les envois de plantes ne peuvent être faits qu'au commencement de l'année 1839.

STRASBOURG, IMPRIMERIE DE G. SILBERMANN,
PLACE SAINT-THOMAS, N° 3.

INTRODUCTION.

Cette seconde centurie, qui devait paraître en 1837, a été retardée jusqu'en 1838, par suite d'une longue maladie et de plusieurs indispositions qui ne m'ont pas permis de m'en occuper autant que je l'aurais désiré.

Avant d'entrer dans quelques détails sur la seconde centurie, j'ai quelque chose à ajouter à ce que j'ai dit dans l'introduction à la première.

28. Le *Vicia gracilis*, Lois., me paraît être répandu sur la région calcaire de toute la Lorraine; car, outre les localités déjà indiquées dans l'introduction à la première centurie et sur l'étiquette de la plante, je l'ai aussi trouvé en abondance aux environs de Rohrbach-les-Bitche, et notre collaborateur, M. de Baudot, l'a trouvé aux environs de Sarrebourg.

46. Notre *Hieracium flagellare* est le *H. bifurcum*, March. Bieb., Koch. *Synops*, p. 445.

48. *Scorzonera lanata*, Schrank, est synonyme du *Sc. humilis*, L., et, comme ce dernier nom est plus ancien, il doit être préféré. J'avais mis le nom de Schrank, parce que je croyais que notre *Scorzonera* n'était pas le *Sc. humilis* de Linné, en suivant Reichenbach, qui prend le *Sc. austriaca* pour le *Sc. humilis* Lin. La diagnose de notre plante se trouve dans le *Synops*. de Koch, p. 424.

D'après les améliorations indiquées par M. Gay, les étiquettes des plantes de la seconde centurie et de celles qui la suivront, seront imprimées en plus grand format que celles de la première, et ne contiendront pas seulement le nom, la synonymie, la localité de la plante, l'indication du mois où elle aurait été recueillie, mais aussi la date du jour. Outre cela, chaque étiquette portera le titre de l'ouvrage.

Les plantes données dans la seconde centurie sont :

RANUNCULACEÆ. 1, *Ranunculus Lenormandi*, Schultz. 2, *R. hederaceus*, L. 3, *R. chærophyllos*, L. 4, *R. parviflorus*, L. — FUMARIACEÆ. 5, *Corydalis claviculata*, DC. 6, *Fumaria Vaillantii*, Lois. — CRUCIFERÆ. 7, *Barbarea præcox*, Brown. 8, *Cardamine sylvatica*, Link. 9, *C. hirsuta*, L. 10, *Lepidium Draba*, L. 11, *Rapistrum rugosum*, All. — DROSERACEÆ. 12, *Drosera longifolia*, L. — POLYGALEÆ. bis au n° 11 de la première centurie. *Polygala depressa*, Wender. 13, *P. comosa*, Schkuhr. 14, *P. monspeliaca*, L. 15, *P. calcarea*, Schultz. 16, *P. austriaca*, Crantz. — SILENEÆ. 17, *Dianthus superbus*, L. 18, *Silene gallica*, L. 18 bis, *S. gallica γ anglica*, Koch. 19, *S. tartarica*, Pers. — ALSINEÆ. 20, *Arenaria conimbricensis*, Brot., bis au n° 14 de la première centurie. *Cerastium brachypetalum petalis calicem æquant.*, bis au 17 de la première centurie. *C. litigiosum*, De Lens. — ELATINEÆ. 21, *Elatine hexandra*, DC. — GERANIACEÆ. 22, *Erodium maritimum*, Smith. — PAPILIONACEÆ. 23, *Trifolium elegans*, Savi. 23 bis, *T. elegans*, Savi. 24, *Coronilla scorpioides*, Koch. — ROSACEÆ. 25, *Potentilla splendens*, Ram. — ONAGRARIÆ. bis au n° 31 de la première centurie. *Circæa intermedia*, Ehrh. — LYTHRARIEÆ. 26, *Lythrum hyssopifolium*, L. 27, *L. nummularifolium*, Lois. — UMBELLIFERÆ. 28, *Conopodium denudatum*, Koch. 29, *Bupleurum protractum*, Link. — CAPRIFOLIACEÆ. 30, *Linnæa borealis*, L. — STELLATÆ. 31, *Galium aparine ♂ tenerum*. — COMPOSITÆ. 32, *Buphthalmum salicifolium*, L. 33, *Crepis præmorsa*, Tausch. 34, *C. setosa*, Hall. fil. 35, *Hieracium Jacquini* Vill. — LOBELIACEÆ. 36, *Lobelia urens*, L. — CAMPANULACEÆ. 37, *Prismatocarpus hybridus*, l'Her. 38, *Wahlenbergia Erinus*, Link. — ERICINEÆ. 39, *Arctostaphylos officinalis*, Wim. et Krab. — BORAGINEÆ. 40, *Symphytum tuberosum*, L. — OROBANCHEÆ. 41, *Orobanche coerulea*, Vill. 42, *O. Picridis*, Schultz. — RHINANTHACEÆ. 43, *Euphrasia lutea*, L. — PRIMULACEÆ. 44, *Primula officinalis*, Jacq. 45, *P. elatior*, Jacq. 46, *P. acaulis*, Jacq. — AMARANTHACEÆ. 47, *Amaranthus sylvestris*, Desf. — POLYGONEÆ. 48, *Rumex pulcher*, L. — THYMELEÆ. 49, *Daphne Laureola*, L. — SANTALACEÆ. 50, *Thesium intermedium*, Schrad. 50 bis, *T. intermedium*. 51, *T. humifusum*, DC. 51 bis, *T. humifusum*. — URTICACEÆ. 52, *Parietaria diffusa*, M. et K. — SALICINEÆ. 53, *Salix daphnoides*, Vill. 54, *S. incana*, Schranck. 55, *S. nigricans*, Fries. 56, *S. repens*, L. — TYPHACEÆ. 57, *Typha minima*, Hoppe. — AROIDEÆ. 58, *Calla palustris*, L. — ORCHIDEÆ. 59, *Orchis sambucina*, L. 60, *Sturmia Loeselii*, Rchb. — IRIDEÆ. 61, *Gladiolus Boucheanus*, Schlechtend. — AMARYLLIDEÆ. 62, *Galanthus nivalis*, L. — LILIACEÆ. 63, *Fritillaria Meleagris*, L. 64, *Gagea arvensis*, Schultes. 64 bis, *G. arvensis*. 65, *G. saxatilis*, Koch. 66, *Scilla bifolia*, L. 67, *S. verna*, Huds. 68, *S. nutans*, Smith. 69, *Allium acutangulum*, Schrader. — JUNCACEÆ. 70, *Juncus capitatus*, Weigel. 70 bis, *J. capitatus*. 71, *Luzula maxima*, DC. — CYPERACEÆ. 72, *Scirpus Tabernæmontani*, Gmelin. 73, *S. trigonus*, Roth. 74, *S. triqueter*, L. 75, *S. radicans*, Schkuhr. 76, *Eriophorum gracile*, Koch. 77, *Carex Davalliana*, Smith. 78, *C. muricata*, L. 79, *C. divulsa*, Good. 79 bis, *C. divulsa*. 80, *C. teretiuscula*, Good. 81, *C. paradoxa*, Willd. 81 bis, *C. paradoxa*. 82, *C. elongata*, L. 83, *C. Buxbaumii*, Wahlenb. 84, *C. longifolia*, Host. 85, *C. gynobasis*, Vill. 86, *C. hordeiformis*, Wahlenb. 87, *C. fulva*, Good. 88, *C. Hornschuchiana*, Hoppe. — GRAMINEÆ. 89, *Crypsis alopecuroides*, Schrader. 90, *Agrostis setacea*, Curt. 90 bis, *A. setacea, β*. 91, *Calamagrostis littorea*, DC. 92, *C. sylvatica*, DC. 93, *Aira articulata*, Desf., bis au n° 93 de la première centurie, *Arrhenatherum bulbosum*, Schlechtend. 94, *Avena Thorei*, Duby. 95, *Festuca sylvatica*, Vill. 96, *Gaudinia fragilis*, Beauv. 97, *Lolium Boucheanum*, Kunth. — FILICES. 98, *Aspidium Oreopteris*, Sw. 99, *Hymenophyllum Tundbridgense*, Sm. LYCOPODIACEÆ. 100, *Lycopodium Cyparissus*, Alex. Braun.

Il y a parmi ces plantes quelques espèces nouvelles, dont je donne ci-après de courtes descriptions, en même temps que des notices sur quelques autres espèces.

1° *Ranunculus Lenormandi* (F. W. Schultz, in *Flora oder Allgemeine botanische Zeitung*, 1837, pag. 727) foliis omnibus rotundato reniformibus in medium usque trifidis, lacinia media in foliis superioribus triloba, lateralibus subquadrilobis, carpellis subturgidis, transverse rugosis immarginatis glabris, apice rostello curvato obtuso apiculatis. Aprili in autumnum. In aquis stagnantibus non profundis et rivulis lente fluentibus (Vire, département du Calvados, Lenormand !) *R. tripartitus* Dubourg d'Isigny, *Catalogue des plantes spont. de l'arrondissement de Vire* (séance publique de la Soc. Linnéenne de Normandie, 1836), nec De Candolle.

Nomen dedi in honorem amicissimi Lenormand.

M. Lenormand m'avait envoyé cette nouvelle espèce en 1836 sous le nom de *R. tripartitus*, DC.; mais on voit au premier coup d'œil que ce n'est point le *R. tripart*. Il ressemble plutôt au *R. hederaceus;* mais, outre les caractères indiqués dans la diagnose, et qui ne sont pas ceux du *R. hederaceus*, il en diffère par des fleurs au moins deux fois plus grandes.

6° J'ai recueilli le *Fumaria Vaillantii* aux environs de Rohrbach-les-Bitche, Eppingen, Wittring, Seding, Sarreguemines, etc. J'ai oublié d'indiquer à M. Holandre, auteur de la *Flore de la Moselle*, lorsqu'il en publia le supplément, cette plante, nouvelle pour la *Flore*, ainsi que les *Festuca heterophylla*, Hænke, *Sanguisorba officinalis*, L., *Geranium sylvaticum*, L. *Hypericum tetrapterum*, Fries, *Hieracium vulgatum*, Fries, *H. lævigatum*, Willd. *Carex argyroglochin*, Hornem. et plusieurs autres plantes qui n'y sont pas encore indiquées, et que j'ai trouvées dans ce département.

12° En Alsace et en Lorraine le *Drosera longifolia* n'a été trouvé jusqu'ici que dans la région alpestre des hautes Vosges; mais dans les environs de Deux-Ponts et de Sarrebrück il se trouve dans les plaines. Je l'ai découvert près de Sarrebrück en 1820, et plus tard j'ai aussi trouvé le *D. obovata* M. et K. entre Sarrebrück et Deux-Ponts, mais seulement quelques échantillons. Cette localité n'est pas encore indiquée dans le *Synopsis* de Koch, ni celle aux environs de Munich que j'ai découverte en 1828. Entre Sarrebrück et Deux-Ponts il se trouve avec les *D. rotundifolia, longifolia et intermedia;* à Munich, avec les *rotundifolia et longifolia;* et enfin à Gérardmer (Vosges) je l'ai vu avec le *rotundifolia* seul, mais en grande quantité.

15° *Polygala calcarea* (Schultz, in *Flora oder Allgemeine botanische Zeitung*, 1837, pag. 752, exclus. *P. amblyptera*, Hornung) *Diagnosin vide in Flora Gall. et Germ. exsic.*, première centurie, pag. 5, sub *P. amblyptera* ♃ Aprili in Junium. *In collibus calcareis pratis et nemorosis* (environs de Deux-Ponts et de Metz, Schultz! Nancy, Mathieu! collines et pâturages calcaires de Liffol-le-Grand [Vosges], de Baudot!). *P. amblyptera* Schultz, loco citato, p. 5. nec Reichenbach.

Racine vivace, ligneuse, fibreuse, se divisant en plusieurs branches, d'où partent de 1 à 50 tiges minces, filiformes, couchées, presque ligneuses, s'étendant de tous côtés sur la terre, défeuillées jusqu'au milieu, et couvertes de nœuds où étaient attachées les feuilles, garnies de plus en plus vers l'extrémité de feuilles alternes, en spatule, couchées sur la terre et réfléchies vers la racine. A l'extrémité de ces tiges et de l'aisselle des feuilles partent 1 à 6 tiges, dressées, qui portent des fleurs. Ces tiges sont garnies de feuilles linéaires cunéiformes, sessiles, droites. Sur les branches des racines se trouvent çà et là de jeunes pousses, ne portant pas de fleurs et garnies de feuilles en spatule; il en est de même des jeunes branches qui se trouvent quelquefois à côté des tiges fertiles. Les fleurs sont disposées en grappes terminales, et à leur base 3 bractées, en forme d'alène, qui sont plus courtes que le pédoncule. Les fleurs sont dressées avant la fleuraison et recourbées après la fleuraison. Le pétale inférieur, qu'on appelle carène dans les papilionacées, est extrêmement élargi à l'extrémité, demi-circulaire, divisé par des incisions, qui vont presque jusqu'à la base du demi-corolle, en 7 lobes, qui sont incisés en cœur. Toute la plante est glabre.

17° Le *Dianthus superbus*, que je donne ici, n'est pas la forme ordinaire, qui se trouve dans les prairies marécageuses. C'est une forme pauciflore, que j'ai recueillie dans un petit bois situé sur le sommet d'une colline sèche de grès vosgien, à une demi-lieue de Bitche, où il est très-rare. Cette localité m'a été indiquée par M. le capitaine Clerc. Je l'ai aussi trouvé dans les grandes forêts, à une lieue et demie de Bitche, mais encore plus rarement; il ne s'y trouve pas dans les marais.

20° *Arenaria conimbricensis*. M. Gay, qui a fait connaître le nom de cette plante à M. Durieu, a eu la bonté de m'en communiquer, dans une lettre, la description qu'il a faite en 1835, et comme il m'autorisa à en faire usage, je ne crois pouvoir faire mieux que de la donner ici.

«*Arenaria conimbricensis* (Brotero, *Flor. Lusitan.* II, p. 105, et *Phytographia Lusitaniæ selectior*, p. 179, tab. 73, fig. 1) annua, decandra, trigyna, non glandulosa, caulibus ex una radice pluribus, adscendentibus, non nisi apice divisis, pube densa brevissima reflexa vestitis; foliis uninerviis, subulatis, basi ciliatis, cæterum glabris; panicula dichotoma, 5 — multiflora; floribus dichotomialibus demum longiusculo pedicellatis; sepalis ovato-oblongis, acutis, obscure-trinerviis, margine membranaceis, ibique remote-ciliolatis, dorso vel scabriusculis vel lævissimis, petalis albis, obovato-oblongis; integerrimis, obtusis, calyce paulo longioribus; capsula ovoidea, 6 dentata, calycem vix superante; seminibus minutis, griseo-nigris reniformibus, rugosis.» Gay in litt. *Mai. Jun.* In pascuis aridis collium (dans le Portugal, Brot. et dans le Périgord en France sur le calcaire à Hippurites, Durieu de Maisonneuve).

«Elle diffère de l'*A. serpyllifolia* par ses feuilles subulées, uninerves, glabres sur les deux faces, non ovales, trinerves et scabres des deux côtés, par sa fleur dichotomiale plus longuement pédicellée, par ses sépales ovales-oblongs, à nervures latérales obscures non subulées et à trois nervures saillantes, enfin par ses pétales toujours un peu plus longs que le calice. Gay dans une lettre.»

21° L'*Elatine hexandra* se trouve à Bitche comme presque partout, sous deux formes, dont l'une, couchée sur la terre (*α prostrata*), croît dans les fossés et les marais desséchés, et l'autre, dressée (*β erecta*), croît au fond des eaux stagnantes. Je donne ici ces deux formes, que j'ai recueillies dans plusieurs localités aux environs de Bitche, où elles sont abondantes. M. le capitaine Clerc, qui ne l'a trouvé que dans un seul fossé, et qui a eu la bonté de me l'indiquer, l'a envoyé à l'auteur de la *Flore de la Moselle*, M. Holandre. Celui-ci l'a pris pour l'*E. hydropiper*, et il fut sur le point de le donner pour tel, dans le supplément à sa Flore, lorsque je lui écrivis que je doutais fort que l'*E. hydropiper* se trouvât à Bitche, parce que je n'avais trouvé jusqu'ici dans ce pays que l'*E. hexandra.* Sur cette observation, M. Holandre changea le nom d'*hydropiper* en celui d'*hexandra*.

23° Notre *Trifolium elegans* doit être le véritable de Savi, dont il porte tous les caractères. Ses tiges sont toujours solides et jamais fistuleuses, comme celles du *T. hybridum* L., que je n'ai trouvé, sur la rive gauche du Rhin, que dans les prairies marécageuses, entre Durkheim et Oggersheim, dans la plaine rhénane du Palatinat, tandis que notre *T. elegans* n'est pas rare dans presque toute la Lorraine. Je l'ai vu en abondance dans les prairies sèches du Muschelkalk, aux environs de Ramberviller (Vosges). M. de Baudot l'a recueilli à Sarrebourg; et enfin je l'ai trouvé, il y a plus de quinze ans, aux bords de presque tous les bois du Muschelkalk et dans les clairières des environs de Deux-Ponts; par exemple à Schweyen (pays de Bitche); Mittelbach, Wattweiller, Contwich, etc., et du Thonschiefer à Cusel.

31° J'ai envoyé en 1833 le *Galium tenerum*, plante nouvelle pour la France et pour l'Allemagne, que j'ai découvert aux environs de Bitche et de Pirmasens, à plusieurs de mes correspondants sous le nom de *G. aparine* var. *pumila* ou *latifolia* Schultz. M. Koch, à qui je l'avais aussi envoyé, me répondit que c'était le *G. tenerum* Schleicher. Plus tard M. Gay m'écrivit qu'il l'avait cueilli lui-même à Zermatten (Suisse) et mis dans son herbier sous le nom de *G. infestum* β *umbrosum* N. (Gay). L'ayant semé ce printemps dans un jardin, il a produit une plante qui ressemble tout à fait au *G. aparine* β Vaillantii K. Syn., 330. Je ne puis donc regarder le *G. tenerum* que comme *G. aparine* ? *tenerum*.

34° On trouvera sans doute fort singulier que je donne ici le *Barkhausia setosa* sous le nom de *Crepis*; mais j'ai réuni tous les *Barkhausia* au genre *Crepis*, parce que j'ai trouvé que les caractères du genre *Barkhausia* ne sont pas assez tranchés et se rapprochent tellement, dans beaucoup d'espèces, de ceux du genre *Crepis* que l'on ne trouve plus de limites entre eux. L'espace ne me le permettant pas ici, j'en parlerai dans un traité particulier. Les exemplaires du *C. setosa*, fournis par M. Billot, qui l'a découvert à Niederbronn, n'étant pas assez beaux, je donnerai de nouveau cette plante dans une des prochaines centuries.

39° J'ai recueilli l'*Arctostaphylos officinalis* sur la localité où Jérôme Bock l'a indiqué il y a trois siècles. Voyez son *Kræuterbuch*, Strassburg, MDLXV, p. cccxcii, où il présume que c'est un petit buis.

51° *Thesium humifusum* (DC. Fl. Fr., V, 356) *radice fusiformi et ramuloso-fibrosa, multicipite, caulibus numerosis prostratis, decumbentibus vel erectiusculis ramisque racemosis, ramulis fructiferis, fructu duplo longioribus vel eum æquantibus, in racemo terminali longitudine subæqualibus, subdivaricatis, foliis linearibus, obsolete uninerviis, bracteis ternis, fructu brevioribus vel media bractea fructum superante, filamentis anthera deflorata vix longioribus, drupis ovalibus vel globosis obsolete 10 — 15 nerviis pedicellatis, perigonio fructus involuto drupa triplo breviore.* Schultz ♃ Jun. Jul. *In collibus calcareis, pascuis et ericetis Galliæ* (Paris. M. Limoges, *Thesium?* — sans nom; Mende! M. Boivin sous le nom de *T. alpinum;* Metz! Schultz; Pont-à-Mousson! M. Coutean sous le nom de *T. linophyllum;* Nancy! M. Suard). *T. gallicum* Schultz *in litteris ad amicos; T. pratense,* Holandre, supplément à la *Flore de la Moselle,* p. 29, nec Ehrhard! *T. Hussenoti,* Hussenot, *Chardons nancéiens,* p. 114.

Dans une des centuries suivantes je donnerai encore une description française faite sur la plante vivante.

56° Le *Salix repens* est tellement rare à Bitche que le zélé explorateur de ce pays, M. Clerc, n'en a pu trouver que deux pieds, dont il m'a indiqué la localité au bord d'un fossé dans la grande tourbière de Bitche. Ils sont tous deux femelles, et ni M. Clerc ni moi n'y en avons trouvé de mâles. Mais à une lieue et demie de la ville, dans les grandes forêts, je l'ai trouvé en quantité, et c'est là que j'ai recueilli les exemplaires pour notre centurie.

59° J'ai découvert à Bitche, mais dans des localités bien bornées et en petite quantité, l'*Orchis sambucina*, plante nouvelle pour le département de la Moselle.

61° *Gladiolus Boucheanus.* Je n'ai trouvé en 1819 ce *G.*, dans le Palatinat, que dans une seule localité, où il était rare. En 1829 j'ai fait un second voyage dans ce pays, et alors je l'ai trouvé dans quatre localités et je donne : dans les prairies marécageuses à Forst, Damnstadt, Fussgœnheim et Maxdorf. Je l'ai pris pour le *G. communis*, et j'ai publié ma découverte dans la *Gazette botanique de Ratisbonne*. M. Mutel, à qui j'avais aussi communiqué ces localités, les a citées dans sa *Flore française* au *G. communis*. Mais, lorsque je lui ai donné la plante, il l'a prise mal à propos pour le *G. imbricatus*, et il l'a indiquée sous ce nom dans les additions à sa Flore. Maintenant encore je ne puis la considérer que comme var. β du *G. communis*, surtout depuis que je lui ai comparé les magnifiques exemplaires du *G. communis* que M. Buck m'a envoyés de Francfort-sur-l'Oder.

L'exemplaire du *G. Boucheanus* de Berlin, recueilli dans la localité où il a été découvert, et que M. Koch a eu la bonté de m'envoyer, ne diffère pas plus du *G. communis* que ma plante du Palatinat; mais le *G. illyricus* Koch de Trieste et le *G. imbricatus* MB. d'Erfurt que j'ai reçus de M. Koch, ainsi que la même plante de Francfort-sur-l'Oder que M. Buck m'a adressée, en diffèrent beaucoup, et je les regarde comme de bonnes espèces.

70° Le *Juncus capitatus* Weigel est indiqué dans la *Flore française* de M. Mutel comme n'ayant été trouvé à Bitche par M. Holandre qu'au pied du fort. J'ai découvert cette espèce à Bitche, où elle couvre des champs sablonneux et humides, dans tous les environs jusqu'à une lieue d'étendue, et M. Holandre ne connaît la petite localité (qui n'a que 12 pieds de longueur et 2 pieds de largeur!) au pied du fort que par M. Clerc, qui la lui a désignée, comme il le dit lui-même dans le supplément à sa *Flore de la Moselle*.

75° J'ai découvert le *Scirpus radicans* à Bitche comme plante nouvelle pour la France, et le *S. radicans*, indiqué à Haguenau dans la *Flore française* de M. Mutel, est le *S. sylvaticus*.

76° M. Mutel, dans sa *Flore française*, t. III, juillet 1836, dit que l'*Eriphorum gracile* a été trouvé par lui à Bitche. C'est moi qui ai découvert cette plante à Bitche, comme le prouve le Catalogue de plantes dans la *Description de Niederbronn*, par J. Kuhn, 1835, et je l'ai montrée à M. Mutel, lorsqu'il est venu me voir en juin 1836.

81° J'ai recueilli le *Carex paradoxa* dans la localité où M. Koch l'a cueilli dans le temps. C'était la seule qui fût connue dans le Palatinat (rive gauche du Rhin). En 1829 j'ai trouvé une seconde localité dans cette province, à Forst, à vingt lieues de la première. Ce *Carex* ne se trouve ni en Lorraine ni en Alsace, et la plante indiquée sous ce nom dans cette province dans la *Flore française* de M. Mutel est le *C. paniculata!* Le *C. paradoxa* Willd. est cependant facile à distinguer du *C. paniculata* L. et même du *C. teretiuscula* Good; car, outre les caractères mentionnés par les auteurs, j'ai trouvé sa tête ou racine toujours chevelue par les nervures des bases de feuilles des années précédentes, ce qui n'existe pas dans les deux autres espèces.

82° Le *Carex elongata* a été cueilli par M. de Baudot à Sarrebourg; à Bitche, où je l'ai trouvé, il croît dans des marais presque inaccessibles, et comme la forme n'en est pas tout à fait la même, je le donnerai dans une des centuries suivantes.

83° Le *Carex Buxbaumii*, envoyé par M. Nicklès, est une nouvelle découverte pour l'Alsace. Je l'ai aussi trouvé en 1829 à Maxdorf, dans le Palatinat, où, à ce que je sais, il n'était pas encore connu; car dans le *Synopsis* de Koch il n'est pas indiqué dans cette province.

86° J'ai découvert en juin 1831 le *Carex hordeiformis* à Alzey dans le Palatinat. C'est une plante nouvelle pour les pays qui bordent le Rhin, ainsi que pour l'Allemagne entière, excepté pour l'Autriche inférieure et la Moravie. J'ai prié un de mes amis, qui habite le Palatinat et à qui j'ai fait connaître la localité, de la recueillir cette année pour notre centurie. N'étant pas botaniste, il l'a mal desséchée, c'est ce qui m'obligera de la donner une seconde fois, dans une des centuries suivantes, et ce sera sans doute d'une localité française.

87° et 88°. J'ai recueilli les *Carex fulva* et *Hornschuchiana* à Deux-Ponts; mais je les ai trouvés aussi dans le département de la Moselle. Ce sont des plantes nouvelles pour la Flore de ce département. Le *C. fulva* est aussi nouveau pour Deux-Ponts, et, à ce que je sais, pour le Palatinat entier. Ces deux *Carex* ont été souvent pris pour une seule espèce; mais, outre les caractères indiqués par les auteurs, j'ai trouvé que les fruits mûrs du *C. Hornschuchiana* sont verts, tandis que ceux du *C. fulva* sont enflés et jaunâtres. On distingue facilement, même de loin, ces deux espèces; car le *C. Hornschuchiana* a un aspect glauque, tandis que la couleur du *C. fulva* est d'un vert jaunâtre. On les confond aussi souvent avec les *C. distans et binervis*. Ils sont très-communs tous deux à Munich, et j'y ai aussi trouvé en abondance dans leur société le *C. distans* L. Cependant M. le professeur Zuccarini ne cite pas le *C. distans* dans sa *Flore de Munich*. Il a sans doute pris deux de ces trois espèces pour la même; sans cela je ne pourrais pas m'expliquer cette omission. M. Reichenbach, dans son *Flora German. excurs.*, p. 453, et dans son *Mœssler's Handbuch der Gewæchskunde*, dritte Auflage, pag. 1715, donne comme localité du *C. binervis* Smith « Durkheim: Ziz. » Je me suis convaincu dans cette localité même qu'il n'y a que le *C. Hornschuchiana* et le *C. distans*. Aussi M. Koch, qui connaît le mieux cette localité, n'y indique pas le *C. binervis*.

92° Le *Calamagrostis sylvatica*, que j'ai trouvé à Bitche, est aussi nouveau pour la *Flore de la Moselle*, et le *C. lanceolata* de cette Flore est le *C. Epigeios*, que j'ai aussi trouvé à Bitche. Il me paraît que le *C. lanceolata* ne se trouve pas dans le département de la Moselle.

Bis au n° 93 de la première centurie. L'*Arrenatherum bulbosum*, que j'ai trouvé à Bitche, est aussi nouveau pour la *Flore de la Moselle*.

97° *Lolium Boucheanum*. J'ai recueilli cette plante, il y a quinze ans, dans les prairies au bord de la Blise et de la Sarre, et je l'ai envoyé à mes correspondants sous le nom de *L. perenne* var. *aristata*. M. Koch, à qui je l'avais aussi envoyé sous ce nom, m'écrivit l'année passée que c'est le *Lolium Boucheanum*. Je l'ai vu depuis presque partout, par exemple à Niederbronn, à Bruyères, à Ramberviller, etc. Les exemplaires de Haguenau n'étant pas bien beaux, j'en cueillerai d'autres pour une des centuries suivantes.

100° *Lycopodium Cyparissus*, Alex. Braun. C'est le *L. complanatum* de DC., de Duby et de presque tous les auteurs qui se sont occupés de la flore de France. Le véritable *L. complanatum* L., que je ne possède que du Tyrol, n'a pas encore été trouvé en France.

Bitche, novembre 1838.   SCHULTZ.

FLORA
GALLIÆ ET GERMANIÆ EXSICCATA.

HERBIER

DES PLANTES RARES ET CRITIQUES

DE

LA FRANCE ET DE L'ALLEMAGNE,

RECUEILLIES

PAR LA SOCIÉTÉ DE LA FLORE DE FRANCE ET D'ALLEMAGNE.

PUBLIÉ PAR

LE DOCTEUR F. G. SCHULTZ,

MEMBRE DE LA SOCIÉTÉ BOTANIQUE DE RATISBONNE, DE LA SOCIÉTÉ D'HISTOIRE NATURELLE DU DÉPARTEMENT DE LA MOSELLE, DE LA SOCIÉTÉ PHARMACEUTIQUE DE LA BAVIÈRE RHÉNANE, ETC.

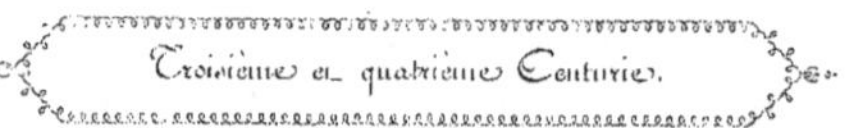

Troisième et quatrième Centurie.

Membres collaborateurs pour cette troisième et quatrième centurie : MM. BARROUÉ, professeur; DE BAUDOT, procureur du roi; DE BELLY, receveur des contributions directes; C. BILLOT, professeur; BLANC, chef d'escadron d'artillerie, chevalier de la Légion d'Honneur; BŒCKELER, pharmacien; BŒHMER, professeur; D. BUCHINGER, inspecteur primaire; BUEK, pharmacien; COUTEAU, propriétaire; DŒLL, professeur; DURIEU DE MAISONNEUVE, capitaine d'infanterie; le docteur A. EINSELE, médecin; J. GAY, secrétaire de la chambre des pairs; le docteur C. GRENIER, médecin et professeur; le docteur G. D. J. KOCH, conseiller et professeur; C. KŒNIG, professeur; le comte L. DE LAMBERTYE; LAURENT, pharmacien; R. LENORMAND, avocat; LÉO, pharmacien-major en retraite, chevalier de la Légion d'Honneur; LERAS, professeur; LEREBOULLET, professeur; LŒHR, pharmacien; MÆRKER, pharmacien; C. DES MOULINS, de l'académie de Bordeaux; N. NICKLÈS, pharmacien; le docteur J. H. SCHULTES, médecin; le docteur C. H. SCHULTZ, médecin; V. SUARD, pharmacien, et WURSCHMIDT, chanoine.

BITCHE ET DEUX-PONTS, CHEZ L'AUTEUR.
1840.

Prix, 40 fr. chez les libraires. — 30 fr. chez l'auteur en payant d'avance.
Lettres, envois d'argent et demandes, à affranchir.

Les envois de plantes ne peuvent être faits que vers la fin de l'année 1840.

Cette introduction se vend aussi à part au prix de 1 franc.

STRASBOURG, IMPRIMERIE DE G. SILBERMANN,
PLACE SAINT-THOMAS, 3.

INTRODUCTION.

L'accumulation des matériaux et mes nombreuses occupations ne m'ont pas permis de faire paraître plus tôt cette centurie ; ce qui me met à même d'en donner deux à la fois.

Je n'ai qu'une erreur à rectifier dans la seconde centurie, c'est d'avoir mis à l'introduction, page 2, ligne 21 : « *bis* au 17 de la première centurie , *Cerastium litigiosum* de Lens » au lieu de « add. au 16 de la première centurie, *Cerastium Grenieri* . »

Avant d'entrer dans des détails sur ces deux centuries, je me fais un devoir de témoigner ma reconnaissance aux personnes qui m'ont aidé à débrouiller quelques espèces difficiles à déterminer ; je dois citer en particulier MM. Durieu de Maisonneuve , J. Gay , Koch et C. Des Moulins. J'indiquerai dans le texte ce qui appartient à chacun d'eux. Ce qui m'a beaucoup encouragé dans mon travail, ce fut d'avoir, dans la détermination des espèces, constamment pour moi l'assentiment de ces savants.

Les plantes que je donne dans ces deux centuries sont :

TROISIÈME CENTURIE.

RANUNCULACEÆ. 1, *Anemone Pusatilla*, L. 2, *A. patens*, L. 3, *Adonis flammea*. Jacq. 4, *A. vernalis*, L. 5, *Myosurus minimus*, L. 6, *Helleborus viridis* , L. 7, *Aquilegia atrata*. Koch. — FUMARIACEÆ. *bis* au n° 5 de la deuxième centurie. *Corydalis claviculata*, DC. 8, *Fumaria spicata*, L. — CRUCIFERÆ. 9, *Arabis arenosa* Scopoli, 10, *Erysimum cheiranthoides*, L. 11, *E. odoratum*, Ehrh. 12, *E. ochroleucum*, DC. 13, *Sinapis Cheiranthus*, Koch 14, *Forsetia clypeata*, R. Brown. 15, *Clypeola Jonthlaspi*, L. 16, *Thlaspi montanum*, L. 17, *Biscutella lævigata*, L. 18, *Lepidium campestre*, L. 19, *L. heterophyllum*, Bentham. β *campestre*. 20, *L. graminifolium*, L. 21, *Æthionema saxatile*, R. Brown. — VIOLARIEÆ, 22. *Viola palustris*, L. 23, *V. hirta*, L. 24, *V. alba*, Besser. *bis* au n° 8 de la première centurie, *V. sylvestris* β Koch. 25. *V. lancifolia*, Thore. 26, *V. stagnina*, Kitaibel. 27, *V. pratensis*, M. et K. 28, *V. elatior*. Fries. 29, *V. mirabilis*, L. — DROSERACEÆ. 30, *Drosera intermedia*, Hayne. — POLYGALEÆ. 31, *Polygala vulgaris*, L. 31 bis, *P. vulgaris*, L. bis au n° 16 de la seconde centurie, *P. amara*. Jacq. *forma intermedia inter var.* α *et* γ Koch. 32, *P. chamæbuxus*, L. — SILENEÆ. 33, *Gypsophila repens*, L. 34, *Dianthus cæsius*, Smith. *bis* au n° 17 de la deuxième centurie, *D. superbus*, L. 35, *Saponaria vaccaria*, L. 36, *Silene noctiflora*, L. — ALSINEÆ. 37, *Sagina stricta*, Fries. 38, *Alsine stricta*, Wahlenberg. 39, *Arenaria modesta*, Dufour. *bis* au n° 20 de la deuxième centurie, *Arenaria conimbricensis*. Brot. 40, *Cerastium aggregatum*, Durieu. deuxième add. au n° 16 de la deuxième centurie, *C. Grenieri* α B, Schultz. — LINEÆ. 41, *Linum viscosum*. L. 42, *Radiola linoides*, Gmel. — HYPERICINEÆ. 43, *Hypericum pulchrum*, L. — GERANIACEÆ. 44, *Geranium sylvaticum*, L. 45, *G. sanguineum*, L. 46, *Erodium moschatum*, L'Héritier. — PAPILIONACEÆ. 47, *Cytisus alpinus*, Mill. 48, *C. nigricans*, L. 49, *C. Ratisbonensis* Schœffer. 50, *Ononis natrix*, Lam. 51, *Trifolium ochroleucum*, L. 52, *T. maritimum*, Huds. 53, *Coronilla vaginalis*, Lam. 54, *Vicia tenuifolia*, Roth. 55, *Orobus vernus*, L. — ROSACEÆ. 56, *Spiræa hypericifolia*, DC. 57, *Dryas octopetala*, L. 58, *Fragaria collina*, Ehrh. 59, *Potentilla alba*, L. — SANGUISORBEÆ. 60, *Sanguisorba officinalis*, L. — POMACEÆ. 61, *Sorbus Aria*, Crantz. — ONAGRARIEÆ. 62, *Trapa natans*, L. — HALORAGEÆ. 63, *Myriophyllum altermiflorum*, DC. — CERATOPHYLLEÆ. 64, *Ceratophyllum submersum*, L. — CRASSULACEÆ. 65, *Crassula rubens*, L. — SAXIFRAGEÆ. 66, *Saxifraga mutata*. L. 67, *S. cæspitosa*, L. γ *sponhemica*. 67 bis, *S. cæspitosa* L. γ *sponhemica*. 68, *S. tridactylites*, L. 68 bis, *S. tridactylites*, L. — UMBELLIFERÆ. 69, *Hydrocotyle vulgaris*, L. 70, *Trinia vulgaris*, DC. 71, *Helosciadium nodiflorum*, Koch. 72, *Carum verticillatum*, Koch. 73, *OEnanthe Lachenalii*. Gmel. 74, *O. peucedanifolia*, Pollich. 75, *Tordylium maximum*, L. 76, *Laserpitium latifolium*, L. — CORNEÆ. 77, *Cornus mas*, L. — CAPRIFOLIACEÆ. 78, *Adoxa moschatellina*, L. — STELLATÆ. 79, *Asperula galioides*, M. Bieberst. 80, *Galium boreale*, L. β *intermedium*, Koch. — DIPSACEÆ. *bis* au n° 42 de la première centurie, *Knautia sylvatica*. — COMPOSITÆ. 81, *Chrysocoma Linosyris*, L. 82, *Aster Amellus*, L. 83, *Bellidiastrum Michelii*, Cass. 84, *Filago gallica*, L. 85, *Artemisia chamaemelifolia* Vill. 86, *Cotula coronopifolia*. 87, *Anthemis fuscata*, Brot. 88, *Cineraria spathulæfolia*, Gmel. 89, *Senecio viscosus*, L. 90, *Calendula arvensis*, L. 91, *Cirsium anglicum*, Lam. 92, *Serratula Pollichii*, DC. 93, *Thrincia hirta*, Roth. 94, *Leontodon incanus*, Schrank. 95, *Hypochæris maculata*, L. 96, *Pterotheca nemausensis*, Cass. 97, *Crepis fœtida*, L. 98, *C. paludosa*, Mœnch. 99, *Hieracium Peletarianum*, Merat. 100, *H. staticæfolium*, Vill.

3. L'*Adonis flammea* est plus répandu qu'on ne le croit ; on le confond encore souvent avec l'*Adonis æstivalis*. Koch ne l'indique, dans le Palatinat, que dans la plaine rhénane ; mais je l'ai aussi trouvé sur les montagnes du Muschelkalk à Deux-Ponts, ainsi que dans le département de la Moselle, pour lequel cette plante est nouvelle.

7° J'ai trouvé l'*Aquilegia atrata*, en 1828, à Munich et dans plusieurs autres localités de la Haute-Bavière, et je l'ai donné à mes amis sous le nom de *Aquilegia vulgaris* γ *violacea*.

19° *Lepidium heterophyllum* : c'est M. Gay qui le premier a fait connaître cette plante aux botanistes normands et angevins (aux auteurs des Flores de Normandie et de Maine-et-Loire). Il m'a écrit : « Quant au *Lepidium heterophyllum*, Benth., il est bien distinct du *campestre* par ses silicules non tuberculeuses ! et par sa racine émettant toujours plusieurs tiges ordinairement simples ! et non ramifiées au sommet. La plante est très-répandue dans nos départements occidentaux, où on la confondait jusqu'ici avec le *Lepid. campestre*, et même en Angleterre et en Hollande, où on la connaît sous le nom de *Lepid. hirtum*. »

Cette plante est assez difficile à déterminer et ordinairement mal décrite chez les auteurs ; on pourrait lui donner la description suivante :

Lepidium heterophyllum (Bentham, cat. 95) ; siliculis glabris , oblongo-ovatis, a medio lato-alatis, apice rotundatis, vix emarginatis, stylo exserto , alarum apicem multo siliculam ipsam 1/5 superante ; foliis pubescentibus glabriusculisve, radicalibus spathulatis oblongisve , plus minusve in petiolum longum angustatis, integris, sinuato-denticulatis lyratisve, caulinis basi sagittatis amplexicaulibus ; caulibus ascendentibus. (*Lepidium campestre*, var. b, Mutel, *Flore française*. 1, p. 96. 3 ; *L. hirtum*, Mutel, l. c., pag. 96. 4, quoad loc., « Dauphiné, Gap, Serres, l'Épiney » ; *Thlaspi heterophyllum* , Mutel, l. c., pag. 101 9.)

α *alpestre*, 2-4-pollicaris ; fol. radical. glabris, caulinis supremis subpubescentibus pedicellis pubescentibus. — In Alpinis (Pyrénées, val d'Eynes ! Grenier).

β *campestre*; 8-pollicaris-pedalis ·2-pedalis ; fol. omnibus pedicellisque pubescentibus. In arvis Galliæ, Britanniæ, etc.

γ *pratense*; 8-pollicaris-pedalis : fol. glabris margine pubescentibus ; auriculis tenuissimis ; pedicellis glaberrimis. — In pratis Delphinatus : environs de Gap ! (Serres, *Lepidium pratense* Serres ! *L. hirtum* Chaix.)

Il serait à désirer que les deux beaux caractères indiqués par M. Gay fussent constants. Sur 292 exemplaires que j'ai examinés, j'en ai trouvé 72 où la racine n'émettait qu'*une* tige, et 115 qui étaient *ramifiés* au sommet. Mais les silicules glabres et le style, dépassant de beaucoup l'échancrure de la silicule, distinguent assez notre plante du *L. campestre*, qui a des silicules ponctuées, glanduleuses et un style qui ne dépasse point l'échancrure ; aussi les silicules sont-elles moins échancrées dans notre plante que dans le *L. campestre*.

M. Mutel, dans sa *Flore française*, I, pag. 101, décrit notre plante sous le nom de *Thlaspi heterophyllum* DC., mais je ne puis croire que ce grand botaniste ait mis dans le genre *Thlaspi* une plante qui a tout à fait le caractère générique du *Lepidium* et le port du *Lepidium campestre* R. Brown, DC. D'ailleurs M. Mutel dit lui-même que son *Thlaspi heterophyllum* n'a qu'*une* graine dans chaque loge (caractère de *Lepidium*) ; il la décrit encore sous le nom de *Lepidium campestre* B ; et son *Lepidium hirtum* du Dauphiné appartient également à notre *L. heterophyllum*.

24° *Viola alba*. C'est M. Koch qui a déterminé cette espèce et qui a eu la bonté de transcrire, dans une lettre, la description qu'en a donnée Besser.

« *V. alba* , sarmentis floriferis ; foliis glabriusculis ; radicalibus rotundato-reniformibus, sarmentorum cordato-triangulis acutis.

Vulgo pro præcedentis varietate habetur : differt tamen sarmentis simul cum planta materna florentibus, cum *Violæ odoratæ* stolones, postanthe sin orientes, futura primum anno florent; foliis sarmentorum *subtriangulis acutis*, angulis lateralibus rotundatis; tempore florescentiæ seriori et corolla denique constanter alba.» (Besser, *Prim. Flor. galic.* vol. I, p. 171.)

Je préférerais la décrire comme il suit :

V. alba; foliis sparse-pubescentibus, profunde-cordatis, primigenis sarmentorumque cordato-triangulis acutis; sepalis obtusiusculis; petalis glabris, infimo emarginato, superioribus 4 rotundato-obtusis; sarmentis floriferis; pedunculis fructiferis prostratis.

25, 26, 27 et 28. Dans la feuille du « *Botanische Zeitung* » qui a paru à Ratisbonne le 28 février 1840, j'ai donné de nouvelles descriptions des *Viola Billotii et Schultzii*, que je reproduis ici en entier pour ceux de mes souscripteurs qui n'auront pas l'occasion de voir cette feuille.

Violæ Caninæ.

A. Brevicalcaratæ. Calcari appendices calycis subæquante vel vix longiore.

1. *Viola pratensis* M. et K. 2. *V. elatior* Fries. 3. *V. Billotii* Schultz. 4. *V. stagnina* Kit. 5. *V. Ruppii* All.

V. Billotii nostra medium inter *V. elatiorem* et *V. stagninam* tenet; differt autem a *V. elatiori* caulibus glaberrimis et a *V. stagnina* stipulis caulinis, intermediis petiolum æquantibus vel eum superantibus.

V. Billotii (Schultz, *Fl. gall. et germ. exsic.* 1836, pag. 4) caulibus erectis glaberrimis; foliis stipulisque tenuissime pubescentibus; foliis inferioribus ex ovata, superioribus e cordata basi oblongo-lanceolatis; petiolo superne subalato, stipulis caulinis intermediis lanceolatis, basi profunde serratis, petiolum æquantibus vel superantibus. (*Viola pumila* et *pratensis*, Mutel, *Flore française*, tab. supplém. 1, fig. 1 et 2, —) Flores e lilacino pallide-cœrulei; calcar lætè virens, folia uti tota planta succulenta, nervis semipellucida.

B. Longicalcaratæ. Calcari appendicibus calycis duplo longiore.

1. *Viola lancifolia* Thore. 2. *V. canina*, L. 3. *V. Schultzii* Billot. 4. *V. sylvestris* Lam. 5. *V. arenaria* DC.

Viola Schultzii ab omnibus *V. caninæ* consanguineis calcare acuminato, apice sursum curvato, bifurcato recedit, ceterum *V. Ruppii* simillima, petalorum forma magis *V. caninæ*, foliorum *V. sylvestri* approximata.

V. Schultzii (Billot in *Flor. gall. et german. exsic.* 1836, pag. 4) caulibus erectis strictis glaberrimis, foliis infra glabris supra pilis sparsis brevissimis tenuissime pubescentibus cordato-ovatis antice sub-acuminato-angustatis, petiolo superne alato, stipulis caulinis oblongo-lanceolatis foliaceis profundè dentatis, intermediis petiolo duplo brevioribus superioribus eundem æquantibus, calcare appendicibus calycis duplo triplova longiore, acuminato, apice sursùm curvato, bifurcato. (*Viola turfosa* Kirschleger, Appendice au *Prodr. fl. als.* 1838, pag. 8). Flores antè anthesin flavescentes tùm nivei, calcar antè anthesin virens tùm flavescens.

Les dix espèces de *Viola* énumérées ici sont souvent regardées comme des variétés, surtout si l'on n'en examine que quelques caractères isolés. Ainsi, le *V. lancifolia* ressemble tellement, pour la forme des feuilles, au *V. canina*, qu'il paraît quelquefois impossible de l'en distinguer; mais quelle différence dans la fleur! Les pétales du *V. canina* sont presque aussi larges que longs, obtus, arrondis, tandis que ceux du *V. lancifolia* sont plus longs que larges et presque lancéolés-linéaires, c'est-à-dire encore moins larges que ceux du *V. sylvestris*, qui paraissent plutôt cunéiformes. Ainsi, le *V. lancifolia*, par sa fleur, a encore plus de ressemblance avec le *V. sylvestris* qu'avec le *V. canina*. M. Koch m'a écrit que les feuilles du *V. lancifolia* n'ont pas changé de forme par la culture dans le jardin.

31° Je donne ici des formes du *Polygala vulgaris* qui me paraissent tenir le milieu entre la var. α et β Koch, *Deutschl. Fl.*; car je ne puis les rapporter ni à l'une ni à l'autre de ces deux variétés. Koch (*Deutschlands Flora*, V, 71) dit de sa var. α major (*P. vulgaris* Reichenbach) que les ailes sont presque aussi larges que la capsule, mais seulement un peu plus longues : « *die Flügel beinahe so breit als die Kapsel und nur ein wenig länger als dieselbe.* » tandis que Reichenbach dit de la même plante : « *Sepalis lateralibus capsula latioribus longioribusque.* » D'après Koch, *l. c.* les ailes de sa variété β (*P. oxyptera* Reichenbach) seraient plus longues que celles de sa var. α (*P. vulgaris* Reichenbach), et d'après Reichenbach elles seraient à peine plus longues que la capsule : « *capsulâ vix longioribus.* » Après toutes ces contradictions, je ne crois pouvoir mieux faire que de donner ma plante sous le nom de *P. vulgaris*, sans indiquer les variétés auxquelles je la rapporte.

Bis au n° 16 de la seconde centurie. La plante que je donne ici est une forme intermédiaire entre le *Polygala amara* α et γ Koch (*Deutschl. Fl.* v. 77), et c'est M. Koch lui-même qui a eu la bonté de la déterminer comme telle. La plante que j'ai donnée sous le nom de *P. austriaca*, dans la seconde centurie, doit prendre le nom de *P. amara* γ *parviflora* Koch.

37° Le *Sagina stricta* (Fries, *Nov. edit.* 2 p. 58; *S. maritima* Don *engl. bot.* t. 2195) est une plante nouvelle pour la France; car le *Sagina maritima* Mutel (*Flore française*, 1, p. 171) n'est pas la plante de Don; ce qu'il décrit sous ce nom appartient moitié au *S. filiformis* et moitié au *S. procumbens*. Le *Sagina stricta* (*S. maritima* Don) m'a été envoyé, sous le nom de *S. maritima* Don, par MM. Durieu de Maisonneuve (environs de Toulon) et Lenormand (qui l'a recueilli dans les sables maritimes de Barfleur, Manche), et ils sont sans doute les premiers qui aient trouvé cette plante en France. M. Gay a écrit à M. Durieu ; » Le *Sagina* est identique avec celui de Gyon, par conséquent il est bien nommé (*Sagina maritima* Don). »

39° *Arenaria modesta*. Cette plante me paraît encore nouvelle pour la France. M. Mutel, dans sa *Flore française*, l'indique en Corse; mais sa description ne cadre pas parfaitement avec la plante. M. Durieu, qui l'a découverte en France, en a donné, d'après la plante vivante, la description qui suit :

« *Arenaria modesta* (Duf. in DC. *Prod.* I, p. 410), annua, pusilla, decandra, trigyna, unicaulis, paniculato-dichotoma, apice præsertim valdè viscosa; caule pilis brevibus glanduliferis, basi tantùm pube retroflexa eglandulosa vestito; foliis inferioribus ellipticis vel ovato-oblongis, in petiolum attenuatis, margine pellucidis, basi parce ciliatis, pseudopetiolis connatis; foliis superioribus sessilibus, connatis, lanceolato-subulatis, hispidiusculis, mucronatis, basi ciliatis; floribus longè pedicellatis; pedicellis fructiferis divaricatis; sepalis lanceolato-acuminatis, margine membranaceis, glandulosis, nervo unico obsoleto; petalis albis, oblongis, calycem subæquantibus; capsula ovoidea sexdentata, calycem paululùm superante; seminibus nigris, reniformibus, tuberculato-rugosis.

Habitat in terrâ nudâ lapidosâ, in monte Sanctæ Victoriæ prope Aquas-Sextias, zonæ angustissimæ paulò suprà mediam montis altitudinem incola. Legebam florentem fructiferamque 7° et 15° mensis Junii 1839. »

40° *Cerastium aggregatum*. La description que j'ai faite de cette espèce m'a conduit à faire de nouvelles descriptions des espèces voisines, que j'ai publiées dans le « *Botanische Zeitung* », qui a paru à Ratisbonne le 28 février 1840. J'en donne ici une traduction en ajoutant encore quelques mots :

« Dans la première centurie de mon *Flora exsiccata*, 1336 (où j'ai établi la principale distinction de plusieurs espèces, d'après la direction des pédicelles et des fruits, — ce que personne que je sache n'a fait avant moi —), j'ai décrit un nouveau *Cerastium*, et une autre espèce également nouvelle m'a été envoyée par mon collaborateur, le capitaine Durieu de Maisonneuve. Ces deux plantes appartiennent à la section *Orthodon*, et même à une sous-division, dans laquelle je ne range que les espèces à racine annuelle, qui ne prennent pas racine à leurs tiges latérales et de laquelle sont exclus par conséquent le *C. vulgatum* (*C. triviale* Link) et le *C. sylvaticum* Waldst et Kit. Comme je ne connais que quatre espèces que l'on pourrait confondre avec l'une ou l'autre des deux espèces nouvelles, je crois devoir donner une petite description de toutes les six en prenant pour base le *Synopsis* de Koch.

CERASTIUM.

1° *C. brachypetalum* (Desportes in *Pers. syn.* I. 520.) bracteis omnibus herbaceis calycibusque apice barbatis, pedicellis fructiferis erecto-patentibus calyce duplo triplove longioribus, fructibus refractis, petalis calycem subæquantibus eoque brevioribus, floribus 5-10 andris, staminibus petal. æquantibus.

2° *C. viscosum* (Linné, spec. 627) bracteis omnibus herbaceis calycibusque apice barbatis, pedicellis fructiferis subcernuis arcuatis calycem æquantibus eoque brevioribus, fructibus maturis erectiusculis, petalis calycem æquantibus, floribus 5—10 andris, staminibus petal. semilongis.

3° *C. aggregatum* (Durieu de Maisonneuve) in *lit.* 1339) bracteis omnibus herbaceis, calycibus margine tenuissimo scariosis apice glabris, pedicellis fructiferis erectis calycem æquantibus eoque brevioribus, fructibus strictè erectis, petalis calyce brevioribus, floribus 5 andris. (Habitat ad littora mar. Mediter.)

4° *C. semidecandrum.* (Linné, spec. 627) bracteis omnibus calycibusque semiscariosis apice glabris eroso-denticulatis, pedicellis fructiferis refractis, calyce duplo triplove longioribus, fructibus maturis sterilibusque erectis, petalis calyce brevioribus, floribus 10 andris, filamentis 5 sterilibus.

5° *C. Grenieri* (Schultz, *Flora gall. et germ. exsic.* 1836, p. 6) bracteis omnibus herbaceis vel superioribus calycibusque margine tenuissime scariosis apice glabris, pedicellis fructiferis erecto-patentibus sub-arcuatis vel strictis, calyce duplo longioribus, petalis calycem superantibus, floribus omnibus pentandris vel 5 andris intermixtis 6—10 andris.

α obscurum (*C. obscurum* Chaubard) capsulis calyce sesqui longioribus, *bracteis omnibus herbaceis. A. pentandrum (C. Grenieri α* Schultz, 2ᵉ centurie, *C. litigiosum,* introduction à la 2ᵉ centurie, per errorem), floribus omnibus pentandris, petalis calyce sesquilongioribus (Hab. propè Besançon). *B. subdecandrum (C. Grenieri α* Schultz, 1ʳᵉ et 3ᵉ cent.) floribus pentandris intermixtis 6—10 andris, petalis calyce vix longioribus.

β pallens (Schultz, 1ʳᵉ cent., *C. pallens* S. in *lit.* 1330) capsulis calyce sesquilongioribus, *bracteis superioribus margine apiceque tenuissime scariosis.*

γ pumilum (*C. pumilum* Curt.) capsulis calycem vix superantibus. (Habitat in Angliâ et Galliâ occidentali). An species propria ?

6° *C. litigiosum* (De Lens in *Lois gall.* 1, p. 323) bracteis herbaceis superioribus calycibusque margine tenuissimo scariosis apice glabris, pedicellis fructiferis gracilibus erecto-patentibus, calyce triplo vel quadruplo longioribus, fructibus subrefractis, corollis sub-campanulato-patentibus, petalis calyce duplo longioribus, floribus omnibus decandris.

Mon ami Grenier (dans son traité le plus récent sur ce genre) réunit mes deux variétés α et β du *C. Grenieri* sous son (A) *obscurum* (*C. obscurum* Chaubard.) Mais M. Chaubard lui-même dit de son *C. obscurum* : « *Pentandrum quandoque decandrum, atrovirens… bracteis minime scariosis* » et « il diffère essentiellement par ses feuilles presque toujours pentandres et par ses feuilles florales qui ne sont jamais membraneuses au sommet. » Mais ma var. β se distingue précisément du *C. obscurum* de M. Chaubard « *bracteis superioribus margine apiceque scariosis* », et c'est à cause de sa couleur que je l'avais appelée autrefois *C. pallens.* Je ne pouvais donc pas le prendre pour le *C. obscurum* Chaubard, et comme je l'avais réuni, après avoir trouvé des formes intermédiaires, à celui-ci et au *C. pumilum* Curtis, je fus forcé, par cette raison, d'effectuer la réunion sous un nouveau nom, celui de *C. Grenieri.* M. Grenier dit de cette plante : « *Staminibus* 10, *raro* 5, » et décrit comme var. (e) « *pentandrum, floribus pentandris, absque filamentis sterilibus* », le *C. pentandrum* DC *Prod.* 1, p. 416 ; mais M. Chaubard dit de son *C. obscurum* : « *pentandrum,* etc., il diffère essentiellement par ses fleurs presque toujours pentandres. Or, M. Grenier forme du *C. obscurum* Chaub. et du *C. pallens* Schultz sa 1ʳᵉ var. (a), à laquelle, si nous concluons logiquement, doit se rapporter son « *Staminibus* 10. » Ce rapprochement paraît d'abord énigmatique ; il s'éclaircit cependant assez bien, si l'on compare ma description donnée plus haut avec les variétés que j'ai établies. D'ailleurs, malgré tout ce que je viens d'exposer, je ne pense pas qu'on puisse regarder comme inutile toute recherche ultérieure sur le *C. Grenieri ;* en effet, je compte faire, au printemps prochain, des recherches plus exactes sur la plante vivante, et je porterai principalement mon attention sur la position et la structure des pétales et des étamines. Ces parties me paraissent d'une grande importance. M. Charles Des Moulins, de l'académie de Bordeaux, m'a écrit il y a plusieurs mois :

« Je pense, Monsieur, que vous ferez très-bien d'imprimer, dans *l'introduction* de votre troisième centurie, la description que vous avez faite du *C. aggregatum :* elle en donnera une idée aussi juste que possible dans le plan de descriptions dont on s'est servi jusqu'ici pour les *Cerastium ;* mais ces sortes de descriptions ne peuvent nullement servir à caractériser *définitivement* les plantes de ce genre. J'ai été conduit par la découverte de quelques caractères tout à fait nouveaux, inconnus à Koch et à tous les autres botanistes, et par l'étude d'un grand nombre d'échantillons, à rejeter absolument de la *phrase spécifique* toute espèce de mention des feuilles, des pétales, des sépales, du nombre d'étamines anthérifères, etc., etc., et à n'y faire entrer qu'un petit nombre de caractères *absolument* ESSENTIELS. Le reste sera relégué dans les observations ou descriptions détaillées de ma monographie. »

Voici les notes diagnostiques que M. Des Moulins a communiquées à M. Durieu pour les insérer ici :

« *Cerastium aggregatum !* Durieu, in herb. 1839. — Ch. Des Moul. *Monogr. Cerast. micropetal.* anno 1840 in *Act. soc. Linn. Burdig.* T. XII edenda. Discrepat a) à *Cer. vulgato* L! et pumilo Curt. (et igitur à *Cerast.* murali Desport. quod est forma *C. vulgati* L!) bracteis omnino herbaceis; b) à *C. brachypetalo* Desport. filamentis staminum glabris; c) à *C. viscoso* L! petalis basi glaberrimis, non barbulatis, aliisque notis minoris momenti, sed magis conspicuis. »

Ces caractères des étamines et des pétales sont très-beaux. J'ai aussi eu le plaisir de les observer à la plante vivante, mais je n'en ai pas fait usage dans mes diagnoses, parce que des caractères plus apparents m'ont suffi. Ainsi, j'ai examiné les étamines de plusieurs centaines de fleurs du *C. brachypetalum,* et (au moyen d'une simple loupe) j'ai toujours découvert de longs poils, principalement vers la base des étamines, tandis que j'ai trouvé glabres les étamines du *C. aggregatum.* » J'ai de même remarqué, dans toutes les fleurs du *C. viscosum* que j'ai examinées (et le nombre en était grand) une petite barbe à la base des pétales, qui manque à ceux du *C. aggregatum.*

49° J'ai préféré pour cette plante le nom de *Cytisus Ratisbonensis,* parce qu'il a été donné plus de vingt ans avant celui de *C. biflorus,* et parce que ce dernier n'exprime même pas bien le caractère de la plante.

67° *Saxifraga cæspitosa* γ *sponhemica.* M. Koch m'a écrit qu'il regarde maintenant le *Saxifraga sponhemica* Gmelin comme variété du *S. caespitosa ;* c'est donc d'après lui que je la donne sous ce nom.

77° *Cornus Mas.* Plus tard je le donnerai aussi en feuilles.

Bis au n° 42 de la première centurie. Le *Knautia sylvatica,* que j'ai observé à Rambervilliers (Vosges), à Munich et dans toute la Haute-Bavière, a des feuilles plus larges et un tout autre port que celui de Bitche. Je le donne donc de Landshut comme *bis.*

99° *Hieracium Peleterianum.* Cette plante est certainement une très-bonne espèce et non pas une var. du *H. Pilosella.* On pourrait la diagnoser comme il suit :

H. Peleterianum Mérat, *Flor. par.* p. 305) scapo nudo monocephalo; stolonibus robustis abbreviatis; involucro cylindrico, pilis longis villosissimo; foliis obovato-lanceolatis, elongatis, acutis, longissimè densèque pilosis, subtus incano-tomentosis.

Differt a *H. Pilosellâ* 1) foliis longioribus acutioribus, cum scapo et involucro longius densiusque pilosis; 2 stolonibus robustis abbreviatis; involucro longiore, foliolis herbaceis minùs scariosis; 4) flore diluto aureo nec sulphureo; 5) habitu crassiore, robustiore.

QUATRIÈME CENTURIE.

Les plantes données dans cette centurie sont :

AMBROSIACEÆ. 1, *Xanthium strumarium,* L. — CAMPANULACEÆ. 2, *Jasione perennis,* Lam. 3, *Campanula pusilla* Hænk. *bis* au n° 40 de la première centurie, *Wahlenbergia hederacea,* Reichenb. — VACCINIEÆ. 4, *Vaccinium uliginosum,* L. — GENTIANEÆ. 5, *Gentiana cruciata,* L. 6, *G. acaulis,* L. — CONVOLVULACEÆ. 7, *Cuscuta epithymum,* L. 8, *C. epilinum,* Weihe. — BORAGINEÆ. 9, *Anchusa officinalis,* L. 9 *bis, A. officinalis. bis* au n° 57 de la première centurie, *Pulmonaria angustifolia,* L. var. *azurea.* 10. *Myosotis cæspitosa,* Schultz. 10 *bis, M. cæspitosa. bis* au n° 62 de la première centurie, *M. sylvatica.* Hoffm. var. 11, *M. sparsiflora,* Mikan. — VERBASCEÆ. 12, *Scrophularia aquatica,* L. 13, *S. vernalis,* L. — ANTIRRHINEÆ. 14, *Linaria cymbalaria,* Mill. 15, *L. Arenaria,* DC. 16, *Anarrhinum bellidifolium,* Desf. 17, *Veronica acinifolia;* L. — RHINANTHACEÆ. 18, *Pedicularis sceptrum carolinum,* L. — LABIATÆ. 19, *Mentha nepetoides,* Loj. 20, *Salvia verticillata,* L. 21, *Calamintha alpina,* Lam. 22, *C. officinalis,* Mœnch. 23, *Ajuga genevensis,* L. — LENTIBULARIEÆ. 24, *Pinguicula alpina,* L. — PRIMULACEÆ. 25, *Lysimachia linum stellatum,* L. 26, *Primula farinosa,* L. 27, *P. auricula,* L. 28, *Hottonia palustris,* L. — GLOBULARIEÆ. 29, *Globularia cordifolia,* L. — CHENOPODEÆ. 30, *Salicornia herbacea,* L. 31, *Chenopodium ficifolium,* Smith. 32, *Atriplex oblongifolia,* W. Kit. — POLYGONEÆ. 33, *Polygonum mite,* Schrank. 34, *P. minus,* Huds. — SANTALEÆ. 35, *Thesium montanum,* Erhart. 36, *T. rostratum,* Mert. et Koch. — ELEAGNEÆ. 37, *Hippophae rhamnoides,* L. — EUPHORBIACEÆ. 38, *Euphorbia Gerardiana,*

Jacq. — Urticeæ. 39, *Parietoria Lusitanica*, L. — Betulineæ. 40, *Betula fruticosa*, Pallas. 41, *Alnus incana*, DC. — Juncagineæ. 42, *Scheuchzeria palustris*, L. — Potameæ. 43, *Potamogeton spathulatus*, Schrad. 44, *P. obtusifolius*, Mert. et Koch. 45, *P. pectinatus*, L. 46, *Zanichellia palustris*, L. β *repens*, Koch. — Naiadeæ. 47, *Naias minor*, Allion. — Orchideæ. 48, *Orchis picta*, Lois. 49, *Ophrys Bertoloini*, Morelt. — Amaryllideæ. 50, *Narcissus Pseudo-Narcissus*, L. — Liliaceæ. 51, *Tulipa sylvestris*, L. *Bis* au n° 68 de la deuxième centurie, *Endymion nutans*, Dumort. 52, *Muscari botryoïdes*, Mill. — Colchicaceæ. 43, *Tofjeildia calyculata*, Wahlenberg. — Juncaceæ. 54, *Juncus obtusiflorus*, Ehrhardt. 55, *J. nigritellus*, Don. 56, *J. supinus*, Mœnch. 56 *bis*, *J. supinus*. — Cypeaceæ. 57, *Heleocharis multicaulis*, Koch. 58, *H. ovata*, R. Brown. 58 *bis*, *H. ovata*, 59, *H. acicularis*, R. Brown. 60, *Scirpus cæspitosus*, L. 61, *S. fluitans*, L. 62, *S. supinus*, L. 63, *Eriophorum vaginatum*, L. *Bis* au n° 82 de la deuxième centurie, *Carex teretiuscula*, Good. Add. au n° 81 de la deuxième centurie, *C. paradoxa* Willd. Add. au n° 81 *bis* de la deuxième centurie, *C. paradoxa*, 64, *C. brizoïdes*, L. *Bis* au n° 82 de la deuxième centurie, *C. elongata*, L. 65, *C. limosa*, L. 66, *C. montana*, L. 66 *bis*, *C. montana*, 67, *C. humilis*, Leysser. 68, *C. alba*, Scopol. *Bis* au n° 86 de la deuxième centurie, *C. hordeiformos*, Wahlenb. 69, *C. binervis*, Smith. 70, *C. lævigata*, Smith. 71, *C. filiformis*, L. — Gramineæ. 72, *Panicum sanguinale*, L. 73, *P. ciliare* Retzius. 74, *P. glabrum*, Gaudin. 75, *Hierochloa odorata*, Wahlenb. 76, *Phleum Bœhmeri*, Wibel. 77, *Chamagrostis minima*, Borkh. 78, *Calamagrostis lanceolata*, Roth. 79, *Sesleria cærulea*, Arduin. 79 *bis*, *S. cærulea*. 80, *Airopsis globosa*, Desv. 81, *Avena hirsuta* Roth. 82, *A. capillaris*, Mert. et Koch. 83, *A. præcox*, Beauv. 84, *Poa dura*, Scop. 85, *P. bulbosa*, L. 86, *Festuca heterophylla*, Lam. 87, *Bromus brachystachys*, Hornung. 88, *B. tectorum*, L. 89, *Lolium arvense*, Withering, 90, *L. speciosum*, Steven. — Characeæ. 91, *Chara gracilis*, Smith. 92, *C. flexilis*, L. 92 *bis*, *C. flexilis*, 93, *C. pulchella* Wallroth. — Equisetaceæ. 94, *Equisetum variegatum*, Wild. — Filices. 95, *Aspidium cristatum*, Sw. 96, *Asplenium lanceolatum*, Huds. — Ophioglosseæ. 97, *Botrychium Lunaria*, Sw. — Marsileaceæ. 98, *Salvinia natans*, Mich. — Musci. 99, *Dicranum flexuosum*, Hedw. — Hepaticæ. 100, *Riccia natans*, L.

2° *Jasione perennis*. Cette plante, si commune sur le grès vosgien, dans les bois, les bruyères et sur les rochers de la crête des Vosges, depuis Saverne jusqu'à Kaiserslautern, et, à côté de cette ligne, de Bitche! par Mutterhausen!, Niederbronn!, Eppenbrunn!, Sturtzelbronn!, Fischbach!, etc., jusque dans la plaine rhénane à Haguenau! et de Pirmasenz!, par Dahn!, Annweiler!, Weidenthal!, Leimen!, Hochstädten!, Trippstadt!, Iggelbach!, Grevenhausen!, Lindenberg! etc., jusque dans la plaine rhénane à Langenkandel! et de là même presque jusqu'aux bords du Rhin, varie à l'infini. Je l'ai observée presque tout à fait glabre et très-velue, à feuilles planes et ondulées, etc., mais le caractère « *radice stolonifera, caudicaulis unicaulibus* » ne manquait à aucun individu.

4° *Vaccinium uliginosum*. J'ai recueilli cette plante à Bitche, où Jérôme Bock (H. Tragus) l'a indiquée il y a trois siècles.

Bis au n° 57 de la première centurie. La plante que je donne ici ne diffère pas spécifiquement du *Pulmonaria angustifolia* L., et on peut à peine la regarder comme une variété de cette espèce. C'est le *P. mollis* Zuccarini! et d'après lui le *P. tuberosa* Schrank, et c'est le *P. azurea* Koch (quant à la localité Munich), et d'après lui le *P. angustifolia* Schrank. Je n'y trouve aucun caractère suffisant pour le séparer du *P. angustifolia*, donné dans la première centurie, quoiqu'il ait été pris sur la localité où j'ai recueilli avec M. Zuccarini lui-même son *P. mollis*. En quittant Munich, en 1829, j'ai pris des individus vivants, en fleur, qu'à mon arrivée j'ai comparés, à Kaiserslautern, avec le *P. angustifolia*, qui s'y trouve en quantité, surtout près de Frankenstein, et je n'ai trouvé aucune différence. Pour acquérir plus de certitude, j'ai transplanté des individus de ces deux localités dans un jardin à Deux-Ponts, où ils se trouvent encore aujourd'hui, et il est impossible de les distinguer. M. Koch vient de m'écrire qu'il possède maintenant dans son jardin le *P. azurea* de différentes localités, ainsi que le *P. media* Schrader, mais qu'il n'a pu, l'été dernier, trouver aucune différence constante, sur la plante vivante entre eux et le *P. angustifolia*. Je conclus de tout cela que les *P. azurea*, *P. media*, etc., ne sont que des formes du *P. angustifolia*, que l'on ne doit pas même séparer comme variétés.

43° *Potamogeton spathulatus*. J'ai recueilli les exemplaires que je donne de cette plante aux environs de Deux-Ponts, à une nouvelle localité où elle se trouve en abondance. Outre cette localité, je l'ai aussi découverte à Bitche et aux environs de Niederbronn (comme plante nouvelle pour la France), mais sans fleurs. Je ne l'ai pas encore trouvée en fruits mûrs, mais mon ami Billot, qui l'a trouvée en fleurs dans la dernière localité, l'année passée, tâchera de la recueillir en bon état.

48° *Orchis picta*. M. Koch m'a écrit que cette espèce diffère principalement de l'*O. maria* « *petalis lateralibus profundè semicordatis*. »

49° J'ai déterminé cette plante comme *Ophrys Bertolonii*, et M. Koch, qui l'a vue, a partagé mon avis.

Bis au n° 68 de la seconde centurie. Le genre *Endymion* est bien distinct du genre *Scilla*, et je prie de regarder le nom qui est sur l'étiquette *bis* comme le nom principal, et celui de la seconde centurie comme synonyme.

55° *Juncus nigritellus*. J'ai découvert cette plante en 1838, à Gérardmer (Vosges), comme plante nouvelle pour la France, et j'espère pouvoir encore la donner de cette localité dans une des centuries suivantes.

57° *Heleocharis multicaulis* Koch. C'est certainement la plante décrite par Koch; on ne peut se tromper, si l'on compare l'excellente description de cet auteur; mais j'ai encore des doutes si c'est aussi le *Limnochloa multicaulis* de Reichenbach. Cet auteur dit de son *Limn.* « *spica ovata* », mais j'ai trouvé dans notre plante presque toujours le « *Spica cylindrico-oblonga*. » Il dit aussi : « *Habitus inter Heleoch. uniglumem et Limnochl. Bœothryon, illa humilior, spica brevior laxior spadicea, vix nervo viridi;* » mais j'ai trouvé que notre plante est, au contraire, ordinairement plus élevée que le *Heloch. uniglumis*, car je l'ai depuis 33 jusqu'à 97 centimètres de hauteur; aussi le *spica* n'est-il pas *brevior*; au contraire, il est généralement *longior* que celui de l'*Heleoch. uniglumis*, et le « *nervus viridis* » est aussi grand dans notre plante que dans l'*H. uniglumis*. Mais tous ces caractères indiqués par M. Reichenbach ne sont d'aucune valeur; car l'*Heleocharis palustris* et l'*H. uniglumis* se rencontrent aussi avec des épis plus ou moins longs, et la plante est plus ou moins grande. On trouve des individus de 81 millimètres jusqu'à 97 centimètres de hauteur, et le *nervus viridis*, bien visible pendant la floraison, disparaît après. J'aime mieux croire que M. Reichenbach a fait sa description sur une mauvaise figure ou sur un seul exemplaire rabougri, que de supposer sa plante nouvelle.

73° *Panicum ciliare*. Ayant trouvé des intermédiaires entre cette espèce et le *P. sanguinale*, et même des exemplaires « *spicis, palea flosculi neutrius in nervo laterali extimo hispido-ciliatis* » et « *spicis palea flosculi neutrius in nervo laterali extimo ciliis destituta* » sur une seule et même racine, je ne puis regarder le *P. ciliare* que comme variété du *P. sanguinale*, et je l'appelle *P. sanguinale* β *ciliare*.

82° *Avena hirsuta*. Cette plante, que M. Durieu m'a envoyée sous le nom de *Avena barbata* Brot. et que j'ai déterminée comme *Avena hirsuta* Roth, a été aussi reconnue comme telle par M. Gay, qui a écrit à M. Durieu ce qui suit : « ..... L'une est l'*Avena hirsuta* Roth, commune dans le bassin de la Méditerranée, même en Corse, mais que je n'avais pas encore reçue du continent de France. Link regarde ce nom comme synonyme de l'*Avena barbata* Brot. S'il a raison, ce que je n'ai encore pu vérifier, vous m'avez envoyé la plante sous son vrai nom. »

91°, 92° et 93° Ces trois *Chara*, que j'ai découverts à Bitche, sont des plantes nouvelles pour le département de la Moselle. Les deux premières sont « stériles »; je tâcherai cependant de les donner en fruits dans les centuries suivantes.

97° *Botrychium lunaria*. Dans la même localité où j'ai recueilli les exemplaires de cette plante, j'ai aussi découvert le *Botrychium rutaceum* Sw. (*B. lunaria* δ *rutaceum* Wallr.; *B. lunaria* β *pinnis divisis* Wahlenb., *B. lunaria* var. β *rutacea* Retz) comme plante nouvelle pour le département de la Moselle, et j'espère pouvoir, avec le temps, en recueillir un nombre suffisant d'exemplaires pour les donner dans cette collection. Je regarde cette plante comme un *Botrychium lunaria*, dont les feuilles sont sur le point de se charger de fruits, ce qui ne réussit qu'en partie; les feuilles prenant alors la forme de la grappe, une partie du parenchyme disparaît et on trouve çà et là des fruits sur les feuilles. Mais on ne peut appeler cela variété; c'est plutôt une monstruosité qu'on devait nommer *Botrychium lunaria monstruoso-racemiforme*.

Bitche, mars 1840.   SCHULTZ.